William H. McRaven

DIE WEISHEIT EINES BULLFROGS

REDLINE | VERLAG

William H. McRaven

DIE WEISHEIT EINES BULLFROGS

Bibliografische Information der Deutschen Nationalbibliothek
Die Deutsche Nationalbibliothek verzeichnet diese Publikation in der Deutschen Nationalbibliografie. Detaillierte bibliografische Daten sind im Internet über https://dnb.de abrufbar.

Für Fragen und Anregungen
info@m-vg.de

Wichtiger Hinweis
Ausschließlich zum Zweck der besseren Lesbarkeit wurde auf eine genderspezifische Schreibweise sowie eine Mehrfachbezeichnung verzichtet. Alle personenbezogenen Bezeichnungen sind somit geschlechtsneutral zu verstehen.

1. Auflage 2024

Türkenstraße 89
80799 München
Tel.: 089 651285-0
Fax: 089 652096

Die englische Originalausgabe erschien 2023 bei Grand Central Publishing unter dem Titel *The Wisdom of the Bullfrog*.

Übersetzung: Philipp Seedorf
Redaktion: Silvia Kinkel
Umschlaggestaltung: Karina Braun
Satz: reinsatz . Roman Heinemann
Druck: GGP Media GmbH, Pößneck
Printed in Germany

ISBN Print 978-3-86881-9-51-9
ISBN E-Book (PDF) 978-3-96267-548-6
ISBN E-Book (EPUB, Mobi) 978-3-96267-549-3

Wir produzieren nachhaltig
www.m-vg.de

Weitere Informationen zum Verlag finden Sie unter

www.redline-verlag.de

Beachten Sie auch unsere weiteren Verlage unter www.m-vg.de

Dieses Buch ist meiner Frau Georgeann gewidmet, die mich durch herausfordernde Lebensabschnitte geführt und bei jedem Abenteuer begleitet hat. Ich liebe dich!

INHALT

Einleitung 11

KAPITEL 1
Tod statt Ehrlosigkeit 17

KAPITEL 2
Vertrauen kann man nicht erzwingen 27

KAPITEL 3
Wenn du das Kommando hast, kommandiere 35

KAPITEL 4
Wir haben alle unseren Froschparadewagen 45

KAPITEL 5
Der einzige leichte Tag war gestern 55

KAPITEL 6
In die Bresche springen 65

KAPITEL 7
Sua Sponte 75

KAPITEL 8
Wer wagt, der gewinnt 83

KAPITEL 9
Hoffnung ist keine Strategie 95

KAPITEL 10
Kein Plan überlebt den ersten Feindkontakt 103

KAPITEL 11
Es macht sich bezahlt, ein Gewinner zu sein 113

KAPITEL 12
Ein Hirte sollte wie seine Schafe riechen 123

KAPITEL 13
Antreten zur Truppeninspektion 133

KAPITEL 14
Was du überprüfst, kannst du auch erwarten 145

KAPITEL 15
Kommunizieren, kommunizieren, kommunizieren 153

KAPITEL 16
Im Zweifel lieber zu viel als zu wenig 165

KAPITEL 17

Kannst du vor dem langen, grünen Tisch stehen? 173

KAPITEL 18

Geh nie alleine schwimmen 181

Schlussgedanken 191

Es ist einfach 199

Danksagung 203

Über den Autor 205

EINLEITUNG

Am Eingang zur Trainingsanlage der Basic Underwater Demolition/SEAL (BUD/S) steht ein zwei Meter großes Reptilienmonster, halb Mensch, halb Fisch, mit schwarzen Froschaugen und Schwimmhäuten zwischen Fingern und Zehen. Die Kiemen sind aufgebläht, es hält einen Dreizack in der Hand und trägt ein Schild um den Hals: DU WILLST ALSO FROSCHMANN WERDEN! Dieser Schrecken vom Amazonas fordert jeden heraus, der das Achterdeck überquert und den sogenannten Grinder betritt – einen asphaltierten Platz, auf dem man die nächsten sechs Monate Hunderte Stunden knallharte Calisthenics-Übungen und endlose Schikanen durch kampfgestählte Krieger über sich ergehen lassen muss; außerdem physischen und mentalen Schmerz, wie man ihn nie zuvor erlebt hat. Dazu kommt stundenlanges Schwimmen im eiskalten Meer, kilometerlange Sprints über weichen Sand, brutale Hindernisparcours und die alles übertreffende *Höllenwoche*.

Vierunddreißig Jahre nach Beginn meiner BUD/S-Ausbildung wurde ich zum »Bullfrog« ernannt[1] – dem Froschmann und Navy

1 Im ersten Jahr teilte ich mir die Auszeichnung mit meinem guten Freund Commander Brian Sebenaler, bis er 2012 in Pension ging.

SEAL im aktiven Dienst mit den meisten Dienstjahren auf dem Buckel. In nahezu vier Jahrzehnten im Dienst habe ich eine Menge darüber gelernt, was man als Froschmann und als Anführer anderer Froschmänner draufhaben muss. Aber ich hatte auch die Ehre, zahlreiche andere Einheiten und Einzelpersonen anleiten zu dürfen: Green Berets, Rangers, Piloten der Air Force und Spezialkräfte; Marine Raiders, Infanterie, Schiffs- und U-Boot-Offiziere, Aufklärungsoffiziere und Polizisten, Beamte, Ärzte, Forscher, Techniker, Studenten und Dozenten. Vom Seekadetten über den Viersternegeneral bis zum Dekan der University of Texas System. Jeder Tag, jede Woche, jeder Monat, jedes Jahr, jedes Jahrzehnt brachten neue Lektionen in Sachen Führung mit sich. Einige Lektionen waren einfach, andere schmerzhaft, aber alle waren wertvoll. Alle Lektionen erwiesen mir gute Dienste dabei, die Herausforderungen des Lebens zu meistern.

Leadership ist nie einfach, ob Sie Seekadett oder Admiral sind. Selbst diejenigen, die diese scheinbar mit Leichtigkeit tragen, tun sich oftmals schwer. Carl von Clausewitz, der große General des 19. Jahrhunderts und Autor des unübertroffenen Buches *Vom Kriege*, sagte einmal: »Es ist im Kriege alles sehr einfach, aber das Einfachste ist schwierig.« Als ich 2009 zum wiederholten Mal in Afghanistan im Einsatz war, las ich eine Fachzeitschrift für Außenpolitik. Darin fanden sich auch zwei von Akademikern der Ostküste verfasste Artikel. Die Professoren erläuterten, dass das US-Militär schlichtweg nicht verstanden habe, wie der Afghanistankrieg zu gewinnen sei. Sie schrieben in herablassendem Ton, dass das Militär doch nur Straßen bauen müsste, um die Dörfer mit den einzelnen Distrikten zu verbinden. Mit weiteren Straßen könnte man dann die Distrikte mit den Provinzen und schließlich die Provinzen mit der Hauptstadt verbinden. All diese Straßen zu bauen würde den Afghanen zu Wohlstand verhelfen, und sie wären stark genug, die Taliban zu besiegen. *Das Militär müsste doch nur die Straßen bauen.* Ehrlich? Wieso sind wir da nicht selbst draufgekommen? Nun, das sind wir! Allerdings ist es ziemlich schwierig, Straßen zu bauen, wenn man beschossen und mit Sprengsätzen angegriffen wird. Und genauso, liebe Leserin und lieber Leser ist es auch beim Führen. Alles bei Leadership ist einfach, es ist nur so, dass die einfachsten Dinge schwierig sind. Man könnte sagen: »Seid Männer und Frauen mit Integrität« oder »Führe von der Spitze her« oder »Kümmere dich um deine Truppen«, aber das ist schwierig umzusetzen. Wieso? Weil wir Menschen sind und alle unsere Eigenheiten, Schwächen und Defizite haben, die Einfluss darauf nehmen, wie wir andere führen. *Aber so schwierig Leadership auch sein mag, es ist nicht kompliziert.*

In seiner einfachsten Form besteht Leadership darin, »mit den verfügbaren Menschen und Ressourcen eine Aufgabe zu erledigen, während man gleichzeitig die Integrität der eigenen Institution aufrechterhält«. Ein guter Leader weiß nicht nur, wie er die Männer und Frauen inspirieren muss, die für ihn arbeiten, sondern auch, wie er die Menschen und Ressourcen managen muss, die nötig sind, um die Aufgabe zu erledigen. Aber beim Leadership geht es nicht *nur* darum, den Job zu tun. Es geht auch darum, den Ruf der eigenen Institution zu erhalten oder zu mehren. Wie oft haben wir von Sportprogrammen an Universitäten gehört, die zu herausragenden athletischen Leistungen führten, aber auf dem Weg an die Spitze in Skandale verwickelt wurden? Oder eine Finanzinstitution, die den Aktienbesitzern eine Menge Geld einbrachte, aber letztlich zusammenbrach, weil Gesetze gebrochen wurden? Wenn Sie als Leader gegenüber der Institution versagen, die Sie anführen, dann haben Sie versagt – Ende der Fahnenstange. Um es noch einmal zu betonen, Leadership ist schwierig, aber nicht kompliziert. Man braucht keine ausgefeilten Charts, Matheformeln oder einen komplexen Algorithmus, aber es erfordert ein gewisses Maß an Anleitung.

Wie können wir also die Schwierigkeiten von Leadership verringern? Nun, Tausende von Jahren haben sich Militär-Streitkräfte auf Mottos, Credos, Gleichnisse und Geschichten verlassen, um zu inspirieren, zu motivieren und Leader und Gefolgsleute gleichermaßen anzuleiten. Diese bieten auch eine Gedächtnisstütze, eine Art Pawlow'sche Konditionierung und einen inspirierenden Anschub, der dem Einzelnen inmitten von Unsicherheit eine Richtschnur für das Handeln sein kann.

Als ich im Militär diente, verließ ich mich häufig auf diese Leitsprüche, um mein Handeln daran auszurichten. Wann immer ich eine schwierige Entscheidung zu treffen hatte, stellte ich mir die Frage: *»Kannst du vor dem langen, grünen Tisch stehen?«* Seit dem Zweiten Weltkrieg wurden die Konferenztische für militärische Besprechungszimmer aus langen schmalen Tischplatten zusammengezimmert und mit grünem Filz bespannt. Wann immer ein formeller Vorgang stattfand, bei dem mehrere Offiziere eine Entscheidung treffen mussten, versammelten sie sich um diesen Tisch. Der Sinn des Spruches war einfach. Wenn man keine guten Argumente gegenüber den Offizieren *vorbringen konnte*, die um den langen, grünen Tisch saßen, dann sollte man seine Handlungen noch einmal überdenken. Jedes Mal, wenn ich eine wichtige Entscheidung treffen musste, fragte ich mich: »Kann ich vor dem langen grünen Tisch stehen und sicher sein, dass ich richtig gehandelt habe?« Es ist eine der fundamentalsten Fragen, die sich ein Leader stellen muss – und dieser altbewährte Spruch erinnert mich daran, welche Schritte ich unternehmen sollte.

Aber es gibt noch weitere Wahlsprüche, die gleichermaßen nützlich sind. Das *Sua Sponte* (auf eigenes Ermessen hin) der Army Ranger; das Motto des britischen Special Air Service, *Wer wagt, der gewinnt*; und das Mantra der SEALs, *Der einzige leichte Tag war gestern.* All diese Sprüche haben eine schillernde Geschichte und inspirierten Leader in vergangenen Zeiten dazu, weitreichende Entscheidungen zu treffen. Sie waren eine Inspiration, um in der Hitze des Gefechts zu handeln, und sie dienten dazu, die Entschlusskraft des Leaders zu stärken und die Soldaten zu motivieren.

Diese Sprüche sind nicht einfach nur Worte, es sind Worte, die aus der Erfahrung geboren wurden, die sich unter Feuer bewährt haben und die allzu oft in Blut geschrieben wurden. Worte, an die man sich erinnern sollte, wenn man auf ein Problem reagiert.

In diesem Buch habe ich 18 dieser Wahlsprüche gesammelt, die mir während meiner Karriere als Richtschnur dienten: Mottos, Gleichnisse, Credos und Geschichten, die mir gute Dienste leisteten, wenn ich einen neuen Auftrag übernahm oder eine besonders schwierige Herausforderung als Leader überwinden musste.

In den 18 Kapiteln geht es um die Mischung aus Charaktereigenschaften und professionellem Handeln. Jeder Leader muss bestimmte persönliche Eigenschaften haben, wenn er gut führen will. Aber ein starker Charakter allein ist nicht genug, um erfolgreich zu sein. Als Leader müssen Sie in Aktion treten, um einen Plan zu erstellen, dessen Zweck zu kommunizieren, den Fortschritt zu überwachen und andere (sowie sich selbst) in die Verantwortung zu nehmen. Heute bilden charakterliche Eignung und entsprechendes Handeln gemeinsam die Bausteine, aus denen großartige Führungspersonen gemacht sind.

Der Weg zum Bullfrog war nicht einfach. Der Weg an die Spitze ist nie einfach, aber ich hoffe, Sie finden auf diesen Seiten die Anleitung, die Ihnen den Weg an die Spitze ebnet.

KAPITEL 1

Tod statt Ehrlosigkeit

Das Tragischste auf der
Welt ist ein genialer Mann,
der kein Ehrenmann ist.

– George Bernard Shaw

Ehre. Das klingt in der heutigen Sprache fast schon altmodisch. Die Ehre eines Gentlemans. Die Ehre einer Lady. Ehre Mutter und Vater. Der ehrenwerte Richter … Über Tausende Jahre lang bedeutete Ehre etwas. Sie hatte Wert. Sie wurde – und wird immer noch – als entscheidend für die eigene Identität betrachtet. Ehren Sie Ihre Familie, indem Sie ein Ehrenmann oder eine Ehrenfrau sind? Ehren Sie Ihr Land, indem Sie ihm dienen, wenn es nötig ist? Ehren Sie Ihren Glauben, indem Sie fromm und ehrfürchtig sind?

Angeblich nahm der Satz »Tod statt Ehrlosigkeit« seinen Anfang bei den griechischen Stoikern, die eher starben, als ihre Werte zu verraten. Später wird Julius Caesar zitiert, der gesagt haben soll: »Ich liebe den Namen der Ehre, mehr als ich den Tod fürchte.« Die Samurai in Japan waren von einer Tradition der Ehre geprägt und stets bereit, lieber zu sterben, als ihren Dienst gegenüber dem Kaiser zu entehren. Und in der Neuzeit hat das United States Marine Corps offiziell den Spruch, »Tod statt Ehrlosigkeit« übernommen, nachdem sich der legendäre Marine Sergeant John Basilone das Motto auf den linken Arm tätowieren ließ.

Leider haben sich im Laufe der Jahrtausende auch Männer und Frauen einen Mantel der »Ehre« übergeworfen, die darunter so skrupellos und boshaft waren, wie man es sich nur vorstellen kann. Aber wahre Ehre – das Richtige aus den richtigen Gründen zu tun – ist die Grundlage echten Leaderships. Wenn Sie darüber verfügen, werden Ihre Kollegen Ihnen bei Ihrer Aufgabe folgen, über alle Bewährungsproben und Hindernisse hinweg. Doch ohne Ehre wird nichts, was Sie erreichen, von dauerhaftem Wert sein. Und wenn Sie Ihr Unternehmen entehren, Ihre Familie, Ihr Land oder Ihren Glauben, wird Ihr Vermächtnis als Leader für immer befleckt sein.

Als ich mich in der großen Aula der United States Military Academy dem Podium näherte, war ich unweigerlich von den Kadetten, die vor mir standen, beeindruckt. Makellos gekleidet in ihren grauen Ausgehuniformen mit den Messingknöpfen und goldenen Streifen standen sie vor mir – die feinsten jungen Männer und Frauen Amerikas, die sich freiwillig gemeldet hatten, um in konfliktreichen Zeiten der US Army beizutreten, im Wissen, dass sie, wenn sie die Hände zum Schwur hoben, vermutlich während ihrer Dienstzeit in einem kriegerischen Konflikt eingesetzt werden würden.

Überall in dieser Aula fanden sich Erinnerungsstücke an die bemerkenswerten Soldaten, die vor ihnen gedient hatten: Grant, Pershing, Eisenhower, Patton und MacArthur. Die Symbole für die amerikanische Hingabe an Werte wie Pflicht, Ehre und Vaterland hingen an den Wänden.

Es war 2014 und als Commander des United States Special Operations Command war ich als Gastredner für das »500th Night«-Event eingeladen worden, eine Gala aus Anlass der letzten 500 Tage, bevor die jungen Kadetten an der West Point graduierten. Ich war weder Absolvent dieser Akademie noch ein Offizier der Army, also fühlte ich mich sehr geehrt über die Möglichkeit, mich an diese Menschen wenden zu können. Ich hatte meiner Rede den Titel »Die Armee aus der Sicht eines Matrosen« gegeben. Da ich die letzten zwölf Jahre neben einigen bemerkenswerten Soldaten gedient hatte, wollte ich die jungen Kadetten von meiner Perspektive profitieren lassen. Eine Perspektive, die nicht von meiner Dienstuniform beeinflusst wurde.

Ich stellte zuerst klar, dass die Armee, der sie sich anschlossen, weder die Armee war, die am Hudson River gekämpft hatte, noch die Armee der Geschichtsbücher oder die Armee, die auf den zahlreichen Wandgemälden auf dem Campus abgebildet war. Es war die heutige Armee, mit den Problemen der Soldaten von heute; Soldaten, die echte Leadership benötigten. Leadership hört sich in den Büchern einfach an, sagte ich, aber im echten Leben ist es schwierig. Leadership ist schwierig, denn es handelt sich um eine menschliche Interaktion, und nichts ist herausfordernder, frustrierender oder komplexer, als Männer und Frauen in schwierigen Zeiten zu führen. Die Offiziere, die sich dabei bewähren, verdienen Respekt, denn leider wird die Aufgabe oft mehr schlecht als recht erledigt.

Ich hatte diese letzten Worte sorgfältig gewählt, denn am selben Tag war ich am Ehrenkodex der Kadetten vorbeigegangen, der in Glas geätzt eine Steinwand auf dem Gelände der Akademie ziert. Der Kodex ist einfach, aber sehr wirkungsvoll. Er lautet:

»Ein Kadett wird nicht lügen, betrügen, stehlen oder diejenigen tolerieren, die es tun.«

Unter dem Ehrenkodex steht das Missionsstatement der United States Military Academy. Die Mission von West Point besteht nicht darin, Genies vom Range eines Patton hervorzubringen, Viersternegeneräle oder Präsidenten der Vereinigten Staaten. Vielmehr besteht die Mission darin, »charakterliche Leader« hervorzubringen. Und der Ehrenkodex liefert das Fundament für diesen Charakter. Der Kodex soll junge Männer und Frauen motivieren, die danach streben, »sich über ein durchschnittliches Leben zu erheben«.

Kein normales Leben leben: Edel zu sein, wenn andere auf Prinzipien verzichten; ehrenvoll zu sein, wenn andere es an Ehre mangeln lassen; integre Männer und Frauen zu sein, wenn andere unehrlich sind. Als ich andere anführte und selbst von großartigen Offizieren in allen Zweigen der Streitkräfte geführt wurde, entdeckte ich, wie wichtig Charakter und ein persönlicher Ehrenkodex sind, um uns durch schwierige Zeiten zu helfen.

Wenn man sieht, wie Generäle zu Fall kommen und deren Charakterfehler enthüllt werden, könnte man auf die Idee kommen, dass der Kodex nur aus leeren Worten besteht, die leicht zu beeindruckende junge Männer und Frauen inspirieren sollen. Allzu leicht stumpft man durch die hässlichen Seiten des Lebens ab und wird zynisch, wenn unsere vermeintlichen Helden straucheln. Aber machen Sie sich keine falschen Vorstellungen: Wenn Sie ein guter Leader sein wollen, benötigen Sie einen persönlichen Verhaltenskodex als Ankerpunkt für Ihre Entscheidungen und Handlungen. Ein Anker, der Sie mit einem sicheren Hafen verbindet, wenn Sie auf Irrwege geraten. Wir sind alle Menschen. Wir treffen schlechte Entscheidungen. Wir handeln töricht. Wir tun Dinge, die wir bedauern. Aber dennoch sollten wir alle danach streben – mit allem, was wir haben –, ehrenhaft zu sein.

Als ich mich 1978 den SEAL-Teams anschloss, waren alle Soldaten im aktiven Einsatz Vietnamveteranen. Sie waren tough, vorlaut, respektlos und hatten manchmal Mühe, sich unterzuordnen, aber ihr Charakter war vom Geist der Ehre geprägt. Auch wenn sie einen schwierigen, dreckigen Krieg hinter sich hatten, der ihre Menschlichkeit manchmal auf die Probe gestellt hatte, verstanden sie, dass sie Männer mit Integrität – Ehrenmänner – sein mussten.

Und wie ihre Ahnen aus dem Vietnamkrieg haben auch die heutigen SEALs gelegentlich finstere Schatten, aber der *Verhaltensstandard* ist immer noch sehr hoch angesiedelt. 2006 haben die SEALs diesen Verhaltensstandard im Navy SEAL-Ethos festgelegt, der sich in Auszügen folgendermaßen liest:

Ich diene mit Ehre auf und abseits des Schlachtfelds … Kompromisslose Integrität ist mein Maßstab … An mein Wort bin ich gebunden.

Der SEAL-Ethos ist ein Spiegelbild des Verhaltenskodex vieler anderer Militäreinheiten. Das Credo der Army Ranger lautet: »Ich werde stets danach streben, das Ansehen, die Ehre und den starken Korpsgeist meines Ranger-Regiments aufrechtzuerhalten.« In ähnlicher Weise lautet das Credo der Green Berets: »Ich schwöre, die Ehre und Integrität des Erbes [der Green Berets] hochzuhalten, in meinem ganzen Wesen – und meinen Taten.« Marine Raiders: »Ich werde die Ehre und das Vermächtnis und die Werte aufrechterhalten, die mir übergeben sind. Ich werde stets das Richtige tun … Ich werde weder Schande über mich noch über die bringen, mit denen ich diene.«

Aber natürlich gibt es das nicht nur beim Militär. Das Gesetz der Jungpfadfinderinnen besagt: »Ich werde mein Bestes tun, um ehrlich und fair zu sein … [und] die Welt zu einem besseren Ort zu machen.« Der Eid der Jungpfadfinder lautet: »Bei meiner Ehre werde ich mein Bestes geben … und moralisch aufrecht [sein].« Und ich glaube, der ursprüngliche hippokratische Eid fängt die Bedeutung eines Credos wie kein Zweiter ein. Der letzte Abschnitt des hippokratischen Eides lautet: »Wenn ich diesen Eid treu und ohne Falsch erfülle, möge mir die Fülle des Lebens zuteilwerden … und Respekt unter allen Menschen für alle Zeiten. Wenn ich jedoch diesen Eid übertrete und verletze, soll das Gegenteil mein Schicksal sein.«

Es gibt stets Beispiele erfolgreicher Menschen, die skrupellos sind, die keinen moralischen Kompass haben, aber Milliarden Dollar gescheffelt und ihre Branche zu neuen Höhen geführt haben. Aber häufig führt dieser Mangel an Integrität – die Entscheidung, das Falsche zu tun und nicht, was recht ist – zu einer toxischen Arbeitskultur, einem gescheiterten Unternehmen oder einer persönlichen Tragödie.

Wenn Sie Ihren Eid brechen, Ihren Verhaltenskodex, die grundlegende Anständigkeit, mit der Sie Ihr Leben und Ihr Unternehmen führen sollten, werden Sie den Respekt der Männer und Frauen verlieren, denen Sie dienen, und *das Gegenteil wird zu Ihrem Schicksal werden.*

Das Richtige zu tun, ist von entscheidender Bedeutung, denn wenn ein Leader dies auf täglicher Basis zur Schau stellt, wird es die Kultur der Institution verändern und die nächste Generation von Leadern hervorbringen. Wenn Sie ein Mensch sind, dem es an Charakterstärke mangelt, wird die Kultur Ihres Unternehmens das widerspiegeln, und Sie werden die nächste Generation an Leadern zum Scheitern verurteilen.

Ich habe häufig gehört, dass es schwierig sei, herauszufinden, wie man das Richtige tut. *Nein, ist es nicht!* Sie wissen stets, was das Richtige ist, manchmal ist es nur sehr schwer, entsprechend zu handeln. Es ist schwer, weil Sie vielleicht einen Fehler zugeben müssen. Es ist schwer, weil die richtige Entscheidung möglicherweise Auswirkungen auf Ihre Freunde und Kollegen hat. Es ist schwer, weil Sie eventuell nicht persönlich davon profitieren, das Richtige zu tun. Ja, es ist schwer. Das nennt man Leadership.

Ein Bündel moralischer Prinzipien zu haben und eine integre Person zu sein, sind die wichtigsten Tugenden eines jeden Leaders. In den einfachsten Begriffen folgt man dabei einfach dem Ehrenkodex von West Point: Ein Kadett lügt, betrügt oder stiehlt nicht und toleriert dies auch nicht bei anderen. Das bedeutet, ehrlich mit Ihren Angestellten, Kunden und der Öffentlichkeit umzugehen. Seien Sie fair in allen Geschäftsangelegenheiten. Folgen Sie der Goldenen Regel: Behandeln Sie andere so, wie Sie von anderen behandelt werden wollen. Wenn sich das nach unverbesserlichem Optimismus anhört oder wie in der Sonntagsschule, dann ist es eben so. Hohe Integrität zu besitzen, unterscheidet einen großartigen Anführer vom Durchschnitt.

Nach 37 Jahren als Navy SEAL sind mir meine eigenen Fehltritte zu sehr bewusst, um allzu selbstgerecht zu sein, wenn ich den Lesern sage, wie sie sich verhalten sollen. Aber obwohl ich häufig gestrauchelt sein mag, stellte ich fest, dass mir ein Satz an Prinzipien in den herausforderndsten Zeiten meines Lebens und meiner Karriere stets geholfen hat.

Bevor Sie irgendeine der Maximen der Weisheit meistern können, müssen Sie zuerst danach streben, Männer und Frauen mit Ehre und Integrität zu sein. Das ist es, was die großartigen Anführer von der Allgemeinheit unterscheidet. Es wird nicht leicht sein. Das ist es nie. Aber es ist auch nicht kompliziert.

Es ist einfach:

1. Seien Sie in allen Geschäftsdingen fair und ehrenhaft. Das ist die einzige Art, auf die Sie und Ihre Angestellten ein Vermächtnis schaffen können, auf das Sie stolz sind.
2. Lügen, betrügen und stehlen Sie niemals und tolerieren Sie dies auch nicht bei anderen. Die Kultur in Ihrem Unternehmen nimmt bei Ihnen ihren Anfang.
3. Stehen Sie zu Ihren Fehlurteilen. Das passiert jedem. Korrigieren Sie das Problem und widmen Sie sich weiter der Aufgabe, ein Mensch mit makellosem Charakter zu sein.

KAPITEL 2

Vertrauen kann man nicht erzwingen

Wenn man dem Volk
aufrichtig und voll vertraut,
wird es dieses Vertrauen
erwidern.

— Abraham Lincoln

Ich stellte meinen Wagen auf dem kleinen Parkplatz vor dem CIA-Hauptquartier ab. In meiner marineblauen Uniform stieg ich aus, ging zur Treppe und betrat das große Gebäude. In den Boden war das Siegel der Central Intelligence Agency eingelassen, ein weißes Schild mit einem roten Strahlenkranz, über dem ein Adler war, der den Kopf nach rechts gedreht hatte. Zu meiner Linken befand sich das Ehrenmal mit den damals 137 Sternen zum Gedenken an CIA-Offiziere, die im Dienst getötet worden waren. Auf einem unterhalb der Sterne an der Wand befestigten Stahlrahmen lag das Ehrenbuch mit den Namen der Gefallenen. Ich hatte das CIA-Gebäude schon häufig betreten, aber diese schlichte Marmorwand mit den Sternen, die auf ein solches Opfer hindeuteten, verfehlte nie seine Wirkung auf mich.

Als ich mich dem Wachmann näherte, sah ich bereits eine Mitarbeiterin warten, die mich zu meinem Termin bringen würde.

»Sir, gut Sie wiederzusehen«, begrüßte sie mich, nachdem ich das Drehkreuz passiert hatte. »Der Direktor erwartet Sie in seinem Büro.«

Als Kommandant einer Einheit der Special Operations hatte man mich in das CIA-Hauptquartier beordert, um den neuen Direktor der CIA zu treffen, Leon Panetta.

Wir bogen scharf links in einen kleinen Korridor ab und betraten den privaten Aufzug des Direktors. Meine Begleiterin drückte den Knopf und wir fuhren direkt in den sechsten Stock, wo sich der Aufzug öffnete und wir den Vorraum von Panettas Büro betraten.

Dort wurde ich von einem weiteren Mitarbeiter empfangen, der mich in den Warteraum brachte.

Der Mann lächelte, bot mir eine Tasse Kaffee an und sagte höflich: »Der Direktor wird in wenigen Minuten bei Ihnen sein.«

Während ich wartete, dachte ich darüber nach, was ich über Leon Panetta wusste. Er war Kind italienischer Immigranten und in Monterey, Kalifornien, auf einer Walnussfarm geboren und aufgewachsen. Er hatte die Santa Clara University besucht und dort einen Abschluss in Jura gemacht. Panetta verbrachte kurze Zeit bei der Armee und legte dann eine beeindruckende Karriere als achtmaliges Mitglied des Kongresses, Direktor des Office of Management and Budget und Stabschef für Präsident Bill Clinton hin. Panetta war bekannt für sein ansteckendes Lachen, seine menschliche Wärme und seinen messerscharfen Intellekt. Er wirkte gesellig, war aber knallhart. Doch trotz aller Erfahrung, die er in Washington gesammelt hatte, war mir klar, verglichen mit dem, was er vorher getan hatte, war es etwas ganz anderes, Direktor der CIA zu sein. Zudem empfanden das Militär und die CIA manchmal eine Art Hassliebe füreinander. Wir wetteiferten stets um Ressourcen, Missionen und Talente. Ich würde gleich herausfinden, auf welcher Seite dieser Beziehung Leon Panetta stand.

Wenige Minuten später wurde ich in sein Büro gerufen. Als ich durch die Tür trat, sagte Panetta mit breitem Grinsen und freundschaftlichem Handschlag: »Ich bin Leon Panetta, es ist ein Vergnügen, Sie kennenzulernen!«

»Die Freude ist ganz meinerseits, Herr Direktor.«

»Oh, bitte«, sagte Panetta, »nennen Sie mich Leon.«

Ich lachte. »Es tut mir leid, Sir. Ich bin schon zu lange beim Militär – das werde ich nicht tun.«

Er stimmte in mein Lachen ein.

Mitten im Raum standen alle höheren Offiziere der CIA in einem informellen Halbkreis zusammen. Panetta führte mich zu ihnen und stellte sie mir der Reihe nach vor, zuerst den Director of Operations (DOD). Der DOD nickte mir mit einem angedeuteten Grinsen im Gesicht und einem Funkeln in den Augen zu. Ich nickte zurück. Als Nächstes kam der Direktor der Analyseabteilung an die Reihe. Panetta stellte mich jedem der amtierenden Abteilungsleiter vor. Ich schüttelte höflich Hände.

Anschließend ließ Panetta uns alle am Konferenztisch Platz nehmen.

»Danke noch einmal für Ihren Besuch, Bill. Ich glaube, die Beziehung zwischen der CIA und Ihrem Kommandostab ist sehr wichtig, und ich wollte, dass Sie meine Führungsriege kennenlernen, damit wir gegenseitiges Vertrauen aufbauen können.«

»Danke, Sir«, erwiderte ich. »Aber ...« Ich zögerte.

Der Director of Operations schmunzelte. »Bill und ich kennen uns schon, seit wir 2003 zusammen in Bagdad waren.« Dann meldete sich der Direktor der Terrorabwehr zu Wort: »Bill und ich haben ein Jahr zusammen in Afghanistan verbracht.« Jeder der anwesenden Direktoren konnte auf gemeinsame Erfahrungen verweisen: im Jemen, in Somalia, Nordafrika, Saudi-Arabien, Kuwait, Ägypten, Pakistan und auf den Philippinen.

Panetta lachte laut. »Also bin ich der Einzige, der noch nicht mit Ihnen gedient hat?«

Ich lächelte.

»Nun, Sir, die meisten von uns sind in dem gemeinsamen Kampf gegen den Terror groß geworden.«

»Okay«, Panetta lächelte, »dann müssen wir keine Zeit damit verbringen, uns kennenzulernen. Denn, wenn es drauf ankommt, haben wir keine Zeit, Vertrauen aufzubauen.«

Ein Jahr später wurde ich erneut in Panettas Büro gebeten, aber dieses Mal, um den Angriff auf Osama bin Laden zu planen. Präsident Obama hatte Leon Panetta die Aufgabe übertragen, Bin Laden zu fangen oder zu töten. Die Mission hätte auch an eine andere Abteilung innerhalb der CIA gehen können. Die Entscheidung der CIA, meine Special Operations Force einzusetzen, wurde nicht übers Knie gebrochen. Sie war das Ergebnis jahrelanger Zusammenarbeit, über Jahre aufgebauter persönlicher und beruflicher Beziehungen; Jahre, in denen wir gegenseitiges Vertrauen aufgebaut hatten. Und selbst wenn es gelegentliche Reibereien zwischen den einzelnen Behörden gab, und die gab es häufig, vertraute die CIA mir und meinem Team.

2014 schied ich aus dem Militär aus, und im Januar 2015 wurde ich Rektor der University of Texas System. Zu diesem Verbund gehörten 14 Universitäten, mit über 230.000 Studierenden und 100.000 Angestellten. Als erster »nicht-traditioneller« Rektor (sprich: ohne akademischen Hintergrund) war ich der Fakultät und den Mitarbeitern dieses Universitätsverbunds durchaus suspekt. Ich hatte bislang mit keinem der Hochschul-Präsidenten zu tun gehabt und lebte schon seit fast 40 Jahren nicht mehr in Texas. Wie bei jedem neuen Vorhaben musste ich mir erst einmal Vertrauen verdienen. Aber nach jahrelanger Erfahrung in ähnlichen Situationen hatte ich die Formel dafür verinnerlicht. Früh zur Arbeit erscheinen. Hart arbeiten. Lange bleiben. Einen Plan haben. Versprechen einhalten. Die Härten mit den Angestellten tragen. Zeigen, dass es einem wichtig ist. Fehler zugeben. Und – habe ich es schon erwähnt? – hart arbeiten.

In seinem Buch, *Schnelligkeit durch Vertrauen* (*The Speed of Trust*), sagt Stephen Covey, dass es zwei Komponenten des Vertrauens gibt: Charakter und Kompetenz. Anfangs vertrauen Sie jemandem vielleicht, weil Sie wissen, dass derjenige ein Mann oder eine Frau mit gutem Charakter ist. Aber wenn diese Person nicht ihre Versprechen erfüllt, wenn sie Geschäftsangelegenheiten inkompetent handhabt, werden Sie nach einer Weile das Vertrauen verlieren. Als Leader kann und wird Ihre Kompetenz an Ihrem persönlichen Verhalten gemessen, Ihrem Auftreten im professionellen Umfeld, daran, wie effektiv Sie Probleme handhaben, und anhand Ihrer Beharrlichkeit.

Um ein großartiger Leader zu sein, müssen Ihre Angestellten Ihnen vertrauen. Wenn sie Ihnen nicht vertrauen, werden sie Ihnen nicht folgen. Es braucht Zeit, Vertrauen aufzubauen, aber diese Zeit ist gut investiert, wenn Sie andere effektiv führen wollen.

Es ist einfach:

1. Pflegen Sie einen persönlichen Austausch mit Ihren Mitarbeitern, um ihnen zu zeigen, dass Sie ein Leader mit gutem Charakter sind, ein Individuum, dem man vertrauen kann.
2. Versprechen Sie nur, was Sie auch liefern können. Am schnellsten verspielt man Vertrauen, wenn man zu viel verspricht und zu wenig liefert.
3. Beachten Sie, dass Vertrauen mit der Zeit aufgebaut wird. Überstürzen Sie nichts.

KAPITEL 3

Wenn du das Kommando hast, kommandiere

Das Leben ist für
niemanden leicht.
Aber was bedeutet das
schon? Wir brauchen
Durchhaltevermögen und
vor allem Selbstvertrauen.
Wir müssen daran glauben,
für etwas talentiert zu sein
und dass dies erreicht
werden muss.

– Marie Curie

Ich saß aufrecht da, den Kopf hochgereckt, und lauschte Lieutenant Jim McCoy, der vor der Klasse auf und ab marschierte und den 30 Seekadetten einen Vortrag über die Schlacht um Midway hielt. Marinegeschichte war ein Pflichtkurs für alle Offiziersanwärter an der University of Texas. Wir begannen mit den Peloponnesischen Kriegen, rundeten das Bild mit Lord Nelson und der Schlacht um Trafalgar ab, kämpften mit Admiral Jellicoe bei Jütland, starteten bei der Schlacht im Korallenmeer von der USS *Yorktown* und bereiteten uns nun auf eine der größten Seeschlachten des Zweiten Weltkriegs vor, die Schlacht um Midway.

Es war der Juni 1942, gerade sieben Monate nach dem Bombenangriff auf Pearl Harbor. Die kaiserliche japanische Navy erkannte, dass es ein Fehler gewesen war, die amerikanische Flotte von Flugzeugträgern in Pearl Harbor nicht zu zerstören, und stellte dem Gegner vor der Insel Midway nun eine Falle. Zwar nur 1300 Seemeilen von Oahu entfernt, handelte es sich bei Midway dennoch um einen strategisch wichtigen Stützpunkt der Amerikaner. Der japanische Admiral Yamamoto glaubte, dass die Flugzeugträger von Pearl Harbor sofort in See stechen würden, wenn die U.S. Navy die Insel für bedroht hielt, um diesen wichtigen Stützpunkt zu schützen. Er hatte recht.

Yamamoto hatte vor, die Flugzeugträger in den Kampf zu locken, indem er den Großteil der eigenen Flotte versteckte und es so aussehen ließ, als seien die Amerikaner zahlenmäßig überlegen. Yamamoto wusste jedoch nicht, dass die Amerikaner die japanischen Codes geknackt hatten und den Plan der kaiserlichen Marine teilweise entschlüsseln konnten. Aber selbst mit einem Teil des Plans bestanden noch jede Menge Zweifel, ob die U.S. Navy dem Kampf gewachsen war. Die Schlacht im Korallenmeer hatte die USS *Yorktown* fast zerstört und der erfahrenste Admiral der Navy, Bull Halsey, lag mit Gürtelrose im Krankenhaus. Die Militärführung in Washington war dagegen, die ganze Flotte zu schicken, um Midway zu verteidigen, aber die Entscheidung, sich den Japanern bei Midway zu stellen, lag letztlich beim Kommandanten der Pazifikflotte, Admiral Chester Nimitz.

Lieutenant McCoy griff nach einer Overheadfolie und legte sie auf den Projektor. Er schaltete das Licht aus, und auf der Leinwand erschien ein Bild von Admiral Nimitz. Nimitz hatte eine markante Gesichtsform, weiße Haare, stahlblaue Augen, die in die Ferne blickten, und ein schmallippiges, ernstes Lächeln, alles eingerahmt von seiner marineblauen Uniform mit den fünf goldenen Streifen des Flottenadmirals. McCoy erzählte uns stolz, dass Nimitz deutscher Abstammung gewesen sei, geboren und aufgewachsen in Fredericksburg, Texas, nicht weit von unserem Standort in Austin. Er hatte die United States Naval Academy besucht und mit Auszeichnung abgeschlossen.

McCoy machte eine kurze Pause und fuhr fort, dass Nimitz als junger Offizier mit dem Dienstgrad Leutnant zur See den Zerstörer *Decatur* befehligt hatte, als dieser 1908 vor den Philippinen auf Grund lief. Nimitz wurde wegen Vernachlässigung seiner Pflichten vors Militärgericht gestellt, erhielt jedoch aufgrund seiner bis dahin herausragenden Leistungen nur eine schriftliche Verwarnung. Nimitz' Charakter wurde durch diesen Vorfall geformt. Er wusste, dass mit einem Kommando eine enorme Verantwortung einhergeht, aber eben auch die Notwendigkeit, entschlossen zu handeln und die Tatsache zu akzeptieren, dass man vielleicht nicht immer alles richtig macht. Nimitz diente danach in der U-Boot-Flotte des Zweiten Weltkriegs und stieg bis zum Kommandanten der Pazifikflotte auf.

Im Frühling 1942 waren die Aufklärungsdaten über die japanischen Pläne bei Midway alles andere als fundiert. Viele in den eigenen Reihen des Admirals stellten den strategischen Nutzen infrage, Midway zu sichern. Und noch mehr Offiziere hatten Angst, eine amerikanische Niederlage bei Midway würde einen schnellen japanischen Sieg im Pazifik nach sich ziehen. Die Auswirkungen einer schlechten Entscheidung waren verheerend, aber die Auswirkungen davon, überhaupt keine Entscheidung zu treffen, könnten eine existenzielle Katastrophe darstellen.

Nimitz sah sich die Aufklärungsdaten an, beriet sich mit seinem Stab und redete mit seinen Kommandanten, aber letztlich lag die Entscheidung bei ihm. Er quälte sich tagelang mit der Entscheidung. Was würde passieren, wenn er falschlag? Tausende Seeleute konnten sterben. Tausende weitere würden bei der Schlacht um Midway und die Inseln westlich und südlich davon sterben. Das Schicksal der gesamten Navy und vielleicht unserer Nation hing von seiner Entscheidung ab.

Es heißt, dass Nimitz bei einem Gespräch mit Admiral Bull Halsey seine Befürchtungen äußerte. Die Schwere der Entscheidung bezüglich Midway überwältigte ihn. Geradeheraus wie immer erinnerte dieser den Admiral an dessen eigene Überzeugung.

»Sie haben mir einmal gesagt: ›Wenn du das Kommando hast, *kommandiere*‹«, sagte Halsey.

Das war der Weckruf, den Nimitz brauchte. Er verstand, dass von Kommandanten erwartet wurde, schwere Entscheidungen zu treffen; mit einem Ziel im Kopf zu handeln; selbstsicher zu sein und vorneweg zu marschieren. Die Herausforderung anzunehmen und sich für die vor einem liegende raue See zu stählen. Ein Kommandant muss kommandieren, Herr der Lage sein, die Truppen befehligen, die Ängste beherrschen, das Kommando übernehmen.

Am 4. Juni 1942 starteten die Kräfte der Air Force von der USS *Yorktown*, der USS *Enterprise* und der USS *Hornet* und eröffneten die Schlacht gegen die japanische Flotte vor Midway. In den folgenden zwei Tagen wurden vier japanische Flugzeugträger versenkt und die Amerikaner verloren die *Enterprise*. Aber die Geschichte sollte zeigen, dass die Schlacht um Midway die entscheidende Seeschlacht des Krieges war und sich dadurch das Blatt im Pazifik wendete.

Lieutenant McCoy beendete die Lektion über Midway. Er schaltete das Licht ein und betrachtete den Raum voller junger Seekadetten, die ihre weißen Marineuniformen trugen.

»Eines Tages«, sagte er, »werden einige von Ihnen das Glück haben, ein Kommando zu übernehmen. Vielleicht werden Sie ein Schiff kommandieren, ein U-Boot oder ein Geschwader. Und wenn der Tag kommt, werden Sie Ihr Kommando als die lohnendste, aber auch herausforderndste Zeit Ihrer Karriere betrachten.«

Er blickte aus dem Fenster und schwieg einen Moment.

»Vergessen Sie nie, dass man von Ihnen Führung erwarten wird, wenn Sie Kommandant sind. Wenn man Sie für diese Position auswählt, akzeptieren Sie Ihre Aufgabe in Demut, aber akzeptieren Sie auch die Tatsache, dass Sie gut sind, sonst würde man Ihnen das Kommando nicht anbieten.«

Er grinste. »Wer weiß? Vielleicht wird eines Tages einer von Ihnen Admiral werden und wie Nimitz die Gelegenheit haben, großartige Seeleute in Kriegszeiten zu führen.«

Wir lachten alle. Wir waren noch Teenager, hatten mit Akne zu kämpfen, und hofften nur, unser erstes Semester am College hinter uns zu bringen. Admiral zu werden, wäre uns wohl als allerletztes eingefallen.

Achtunddreißig Jahre später betrat ich als Viersternegeneral und Kommandant des U.S. Special Operations Command mein Büro in Tampa, wo ein neuer Schreibtisch auf mich wartete. Ich war etwas verwirrt, denn der alte schien eigentlich noch völlig in Ordnung zu sein. Als ich nachfragte, was es mit dem Schreibtisch auf sich hatte, lächelte meine Verwaltungsassistentin, Senior Master Sergeant Dana Huges, und sagte: »Nun, Sir, wir dachten, dieser würde besser zu Ihnen passen.«

Verwirrt betrachtete ich den Schreibtisch genauer. Er war älter, als mir zuerst aufgefallen war. Ein großer Schreibtisch, wie man ihn in der Chefetage sieht, aus gemasertem Holz und lederbezogenen Seiten. Als ich mich dem Schreibtisch näherte, sah ich ein kleines, gerahmtes Bild, das auf dem Rand der Tischplatte stand. Der Mann auf dem Bild war unverkennbar. Es war Admiral Chester Nimitz und das war sein Schreibtisch. Das Marinearchiv war so nett gewesen, ihn an das Special Operations Command (SOCOM) auszuleihen, damit ich ihn nutzen konnte. Ich fühlte mich über die Maßen geehrt.

Die nächsten drei Jahre saß ich an diesem Schreibtisch, und immer, wenn ich dachte, ich hätte einen schweren Tag, erinnerte ich mich daran, an wessen Tisch ich saß. Ich erinnerte mich an die Leben, die auf dem Spiel standen; die Entscheidungen, die Millionen beeinflussen würden; das Gefühl des Verlustes und das Gefühl des Triumphs, das Nimitz empfunden haben musste. Und an diesen Tagen, an denen ich unentschlossen war, wenn ich mich zu sehr von meinen Ängsten leiten ließ, wenn die Sorge mich zu lähmen drohte, dann erinnerte ich mich an Nimitz' Worte: »Wenn du das Kommando hast, kommandiere!« Und mit diesen Worten als Richtschnur versuchte ich stets gegenüber den Männern und Frauen, die mit mir dienten, das Richtige zu tun.

Ein Leader zu sein – ob CEO, Admiral, General, Vorstandsmitglied oder Leiter eines Büros mit nur zwei Leuten –, ist immer schwer. Als Leader müssen Sie stets ausstrahlen, dass Sie das Kommando innehaben, selbst an den Tagen, an denen Sie mit dem Druck im Job zu kämpfen haben. Sie müssen Selbstvertrauen haben, entschlossen handeln, lächeln, lachen, sich den Angestellten zuwenden und dankbar für Ihre Arbeit sein. Sie müssen bei den Männern und Frauen, die auf Sie hören, ein Gefühl des Stolzes hervorrufen; Stolz darauf, dass Sie als *ihr* Anführer jedes Problem im Griff haben.

Als Leader können Sie keinen schlechten Tag haben. Sie dürfen niemals niedergeschlagen aussehen, egal unter welchen Umständen. Wenn Sie schmollen, wenn Sie den Kopf hängen lassen, wenn Sie jammern oder sich über die Leader über Ihnen beschweren oder über diejenigen unter Ihnen, die Ihrem Befehl folgen, werden Sie den Respekt der Männer und Frauen verlieren, die Sie anführen, und Verzweiflung wird sich ausbreiten wie ein Buschfeuer.

Ein Leader zu sein, ist eine Ehrfurcht gebietende Verantwortung. Es gibt Tage, an denen das Wissen beängstigend sein kann, dass das Schicksal des Unternehmens auf Ihren Schultern lastet. Aber Sie müssen sich auch klarmachen, dass Sie als Leader ausgewählt wurden, weil Sie Ihr Können auf Ihrem Weg unter Beweis gestellt haben. Sie haben demonstriert, dass Sie sich im Business auskennen; haben gezeigt, dass Sie mit dem Druck klarkommen und entschlossen vorgehen können. Sie haben all die Eigenschaften gezeigt, die man als Leader braucht. Und selbst, wenn dem nicht so ist; so haben Sie doch das Kommando. Also, nehmen Sie das verdammte Steuerruder in die Hand und kommandieren Sie!

Es ist einfach:

1. Seien Sie selbstbewusst. Man hat Ihnen den Job übertragen, weil Sie über Talent und Erfahrung verfügen. Trauen Sie Ihren Instinkten.
2. Seien Sie entschlossen. Lassen Sie sich nicht zu sehr von Ihren Ängsten leiten. Handeln Sie überlegt, aber lassen Sie sich nicht von Unentschlossenheit lähmen.
3. Seien Sie leidenschaftlich. Zeigen Sie Ihren Angestellten, dass sie Ihnen wichtig sind und Ihnen die Mission wichtig ist.

KAPITEL 4

Wir haben alle unseren Froschparadewagen

Wahre Demut
ist kein elender Geist,
keine Unterwürfigkeit
oder Selbstverachtung;
sie ist nichts anderes als uns
selbst so einzuschätzen,
wie Gott uns sieht.

– Tryon Edwards, amerikanischer
Theologe

Das Boot kam mit hohem Tempo auf mich zu, der Bug schob eine Welle aus weißem Schaum vor sich her und pflügte durchs blaue Wasser. Ich konnte den Steuermann in dem kleinen Steuerhaus sehen; seine Blicke schossen zwischen mir und dem kleinen aufblasbaren Schlauchboot hin und her, das an der Backbordseite festgemacht war. Im Schlauchboot saß ein weiterer Mann, der eine dicke Gummischlaufe hielt, die Arme ausgestreckt und bereit, mich einzufangen, während das Boot vorbeiraste.

Dreiundzwanzig Meter noch, und es kam schnell näher.

Es hatte mich fast erreicht.

Ich hörte den Mann im Schlauchboot schreien: »Strampeln, kräftig strampeln, jetzt!«

»Strampeln, strampeln, strampeln«, sagte ich zu mir selbst, und meine Schwimmflossen bewegten sich kraftvoll durch das Wasser der Bucht.

Zehn Meter.

Fünf Meter.

Jetzt, jetzt!

Ich sah den Mann mit der Gummischlaufe im Schlauchboot, der sich abmühte, mich zu erreichen. Ich strampelte so heftig ich konnte mit den Beinen, schob meinen Arm durch die Schlaufe, und der Schwung des Bootes sowie ein heftiger Ruck des Mannes, der die Schlaufe hielt, beförderten mich unsanft ins Schlauchboot. Ich zog schnell den Arm aus der Schlaufe, rollte mich zur Seite und stieg ins Boot. Direkt hinter mir wurde ein weiterer Froschmann aus dem

Wasser und auf das Schlauchboot gezerrt. In wenigen Minuten war das gesamte Platoon eingesammelt und auf dem Boot.

Das war das tägliche Brot des Froschmannes. Von kleinen Booten ausgesetzt und wieder eingesammelt werden. Genau wie es unsere Vorgänger bei Tarawa, Okinawa, Tinian und zahllosen weiteren Inseln im Pazifik getan hatten. Und dafür wurde ich auch noch bezahlt.

Nachdem die Übung beendet war, legte das Patrouillenboot am Pier der Naval Amphibious Base in Coronado an und wir luden die Ausrüstung aus.

»Hey, Mr. Mac! Mr. Mac!«, rief eine vertraute Stimme vom Ende des Piers.

Es war Fähnrich Larry L. Jones, mein ranghöchster Soldat in der Funkzentrale.

»Double L, was ist los?«

»Sir, der Kommandant will Sie sehen«, stieß er atemlos hervor.

»Mich?«

»Ja, Sir. Sie.«

Mir war nicht einmal klar gewesen, dass der befehlshabende Offizier wusste, wer ich war. Als frischgebackener Leutnant zur See im Underwater Demolition Team Eleven (UDT-11) versuchte ich, möglichst nicht aufzufallen. Ich hatte den Kommandanten getroffen, ihm die Hand geschüttelt und ihn gelegentlich beim Antreten aller Offiziere gesehen, aber ich konnte mir keinen Grund vorstellen, wieso er mich persönlich sprechen wollte.

Aber … vielleicht hatte ich ja einen guten Eindruck bei den anderen Offizieren und den Dienstälteren gemacht. Ich nahm die Ausbildung ernst. Ich arbeitete hart, strengte mich bei den Sportübungen an, blieb länger, hörte zu, wenn die erfahrenen Vietnamveteranen etwas zu erzählen hatten.

Ja, vielleicht wurde ich für etwas Spezielles ausgewählt.

Es hatte Gerüchte gegeben, dass ein echter Einsatz in Planung war. Vielleicht ging es darum! Vielleicht war es eine Mission, um irgendeinen Terroristen vom Balkan zu schnappen. Vielleicht war es ein geheimer Angriff durchs Wasser auf Wladiwostok oder eine Landungsmission in Nordkorea, um eine Raketenbasis auszuschalten.

»Okay, Double L. Ich muss erst zum Team zurück, um meine Uniform anzuziehen.«

»Keine Zeit, Sir. Der Kommandant sagte, er muss sich so schnell wie möglich mit dem Commodore treffen, und er wollte sofort mit Ihnen sprechen.«

»Der Commodore?« *Der Mann, der alle SEALs und die Froschmänner an der Westküste befehligte.* Der große Mann. Das musste wichtig sein!

Wir sprangen in Jones' Pick-up-Truck, rasten durch den Marinestützpunkt, überquerten Highway 1, und fuhren auf das Gelände des UDT-11.

Ich zog schnell meinen kurzen Taucheranzug aus, strich das Haar mit der Hand nach hinten, steckte mein blau-goldenes T-Shirt in meine kakifarbene Badehose und betrat das Gebäude, das die Kommandozentrale beherbergte.

Der Schreibstubenunteroffizier stand auf, als ich eintrat.

»Sind Sie Leutnant McRaven?«

»Bin ich.«

»Setzen Sie sich. Ich sage dem Kommandierenden, dass Sie da sind.«

Ich setzte mich auf die Kunstledercouch und betrachtete die Bilder an der Wand. Es gab Fotos aus dem Zweiten Weltkrieg von Froschmännern, die Strände von Pazifikinseln eroberten, um die Landung der Truppen vorzubereiten. Bilder von Kriegern mit Schwimmflossen in dicken Gummianzügen, die die Felsen eines Strandes in Korea erklommen; Männer mit Tauchermasken auf dem Kopf und Flossen an den Füßen, die die Crew der Apollo 11 in Empfang nahmen, als diese vom Mond zurückkehrte; und SEALs mit Munitionsgurten über der Brust, die durch brusttiefen Schlamm im Mekongdelta wateten. Ich war Teil einer Elitetruppe und es fühlte sich richtig gut an!

Der Fähnrich kehrte zurück.

»Sir, der Kommandant empfängt Sie jetzt.«

Ich strich mir noch einmal über das nasse Haar und betrat das Büro. Hinter dem Schreibtisch saß Commander Bill Salisbury, der Kommandant des Underwater Demolition Team Eleven. Ein hochdekorierter SEAL aus der Zeit des Vietnamkriegs, der mich vor wenigen Wochen mit einem herzlichen Lächeln und einem kräftigen Handschlag im Team willkommen geheißen hatte. Ich mochte den Mann, auch wenn wir nicht viel Zeit miteinander verbracht hatten.

Ich nahm Haltung an und verkündete: »Sir, Leutnant McRaven meldet sich zur Stelle, wie befohlen.«

Salisbury lächelte. Mein Enthusiasmus als Junior-Offizier war vielleicht etwas zu dick aufgetragen.

»Rühren, Mr. McRaven.«

»Ja, Sir«, sage ich und hielt die Hände locker hinter dem Rücken verschränkt.

»Der kommandierende Offizier hat mir gesagt, Sie schlagen sich wacker.«

»Danke, Sir.«

»Sie haben einen guten Eindruck bei den Offizieren und beim Chief hinterlassen.«

Ich nickte und mir schwoll die Brust vor Stolz.

»Der Commodore hat mich heute einbestellt und mich gefragt, wer mein bester Leutnant sei.«

Ich platzte fast vor Stolz.

»Er will, dass Sie etwas für ihn tun. Und wenn es für den Commodore wichtig ist, dann ist es auch wichtig.«

»Ja, Sir!«, sagte ich etwas zu laut.

Jetzt kommt's, dachte ich. Eine Mission. Deswegen habe ich die SEAL-Ausbildung absolviert. Eines Tages werde ich mich vielleicht auf einem der Fotos im Eingangsbereich wiederfinden.

Salisbury machte eine bedeutungsschwangere Pause.

»Jedes Jahr hält die Stadt Coronado eine Parade zum vierten Juli ab. Wir haben schon lange nicht mehr teilgenommen«, sagte er.

Okay, jetzt bin ich verwirrt. Ist mir hier etwas entgangen?

»Also, in diesem Jahr will der Commodore eine große Froschfigur auf einem Paradewagen dabeihaben und Sie sind verantwortlich, sie zu bauen.« Er lächelte.

»Eine Froschfigur?«

»Ja, Sie wissen schon. Einen großen grünen Frosch, wie ›Freddie the Frog‹, der an einer Zigarre pafft und eine Stange Dynamit in der Hand hält. Die Einwohner von Coronado werden das lieben!«

»Ja, Sir«, entgegnete ich mit weit weniger Enthusiasmus.

»Nun, melden Sie sich beim Versorgungsoffizier. Er kann Ihnen alles Material besorgen, das Sie für den Paradewagen brauchen. Das ist alles, Mr. McRaven. Vielen Dank.«

Ich stand da, wie vor den Kopf gestoßen, während Salisbury sich wieder daran machte, den täglichen Nachrichtenverkehr zu lesen.

Langsam drehte ich mich um und verließ das Büro. Ich kam an den Einsatzbildern im Flur vorbei und bezweifelte, dass mein Froschparadewagen sich je hier wiederfinden würde.

Frustriert ging ich in die Umkleide, um mich umzuziehen und wieder an die Arbeit zu machen. Als ich auf der Bank saß und leise vor mich hin fluchte, hörte ich eine tiefe, raue Stimme vom Spind hinter mir.

»Was ist denn los, Leutnant?«

Ich drehte mich um und sah Master Chief Hershel Davis, den ranghöchsten Mann aus unserem Schwesterteam, UDT-12. Davis war der Bilderbuchfroschmann – hochgewachsen, schlank, gebräunt, mit geröteten Wangen, stahlgrauen Augen und einem großen gezwirbelten Schnurrbart. Er hatte schon mehr Einsätze hinter sich als beliebige zehn Männer, die ich kannte, zusammengenommen.

»Nichts Wichtiges, Master Chief.«

»Aha«, sagte er in väterlichem Ton, als er sich neben mich setzte.

Wieso hatte ich das Gefühl, im Beichtstuhl zu sitzen?

Ich beichtete.

»Der Kommandant hat mich in sein Büro rufen lassen und mir gesagt, er will mir die Verantwortung übertragen, etwas zu bauen ...« Ich zögerte. »Einen Paradewagen mit einem Frosch für die Parade am vierten Juli.«

»Hm«, knurrte der Master Chief. »Ich vermute – Sie würden lieber aus Flugzeugen springen, aus Torpedorohren von U-Booten tauchen, auf eine Mission gehen, um die Welt zu retten.«

»Ganz genau!«, sagte ich etwas zu laut.

»Ich will Ihnen mal was sagen, Leutnant. Ich bin schon seit fast 30 Jahren in diesem Klub. Früher oder später werden wir alle mal etwas tun müssen, was wir nicht tun wollen. Aber wenn Sie es tun, machen Sie es richtig. Bauen Sie den verflucht besten Froschparadewagen, den Sie bauen können!«

Und da war es. »*Bauen Sie den verflucht besten Froschparadewagen, den Sie bauen können!*«

Im Verlauf meiner gesamten weiteren Karriere sollte man mich noch oft bitten, einen »Froschparadewagen« zu bauen. Man bat mich, diese niederen Arbeiten zu verrichten; Aufgaben, die unter der »Würde meines Rangs« schienen. Aber jedes Mal erinnerte ich mich an die Worte des Master Chiefs und versuchte, mein Bestes zu geben; stolz auf die Aufgabe zu sein, die man mir übertragen hatte, egal, was es war. Während meiner Karriere stellte ich fest, wenn man stolz auf diese kleinen Aufgaben ist, wird man auch für würdig gehalten, die größeren Aufgaben zu übernehmen.

Am 4. Juli 1978 erhielt der Froschparadewagen des UDT die höchste Auszeichnung seiner Kategorie und das Foto meiner »ersten Mission« hing noch jahrelang stolz an der Wand des UDT-11-Gebäudes.

Es ist einfach:

1. Bleiben Sie bescheiden – in Ihrer Haltung und bei Ihren Erwartungen.
2. Akzeptieren Sie, dass man Ihnen Aufgaben übertragen wird, die Ihrem Status nicht entsprechen. Erledigen Sie diese so gut Sie können.
3. Bewerten Sie die Stärke Ihrer Angestellten daran, inwieweit sie bereit sind, die kleinen Aufgaben zu übernehmen und bestmöglich zu erledigen.

KAPITEL 5

Der einzige leichte Tag war gestern

Es genügt nicht, nur an
etwas zu glauben;
man muss auch die
Ausdauer haben, sich den
Hindernissen zu stellen und
sie zu überwinden.

– Golda Meir

Die Glocke hallte über den Truppenübungsplatz, den Asphalt-Grinder. Ein Schlag, zwei, drei, während der dumpfe Klang der Bronzeglocke von den Gebäuden widerhallte und in das kollektive Bewusstsein der SEAL-Anwärter drang, die hier ihre Calisthenics-Übungen machten. Aus dem Augenwinkel sah ich, wie Fähnrich Halliday den Helm abnahm und ihn am Fundament der Glocke ablegte. Der SEAL-Ausbilder, der ein blau-goldenes T-Shirt und eine kakifarbene Badehose sowie grüne Dschungelstiefel trug, sagte etwas, das ich nicht verstehen konnte. Ich hörte nur, wie Halliday, so laut er konnte, »Hooyah, Ausbilder Faketty!«, schrie. Faketty sagte noch etwas, Halliday drehte sich um und rannte zur Kaserne. Wir sollten Halliday nie mehr sehen. Mit dem dreifachen Läuten der Glocke hatte er die SEAL-Ausbildung abgebrochen.

Zwei Wochen vorher hatten wir die Höllenwoche beendet. Möglicherweise die härteste Woche jeder Ausbildung beim Militär. Die Höllenwoche besteht aus sechs Tagen ohne Schlaf, ständiger Schikane durch die Ausbilder. Es ist einem konstant kalt, man ist nass und fühlt sich elend. Wie wir alle hatte Halliday die Euphorie verspürt, diese brutale Bewährungsprobe bestanden zu haben. Er wusste, dass in der Geschichte der SEAL-Ausbildung die meisten Anwärter während dieser Woche ausschieden. Aber er hatte es geschafft und gedacht, der Rest der Ausbildung würde viel einfacher werden. Er hatte schon den Abschluss vor Augen, stellte sich vor, den

Dreizack der SEALs an die Brust geheftet zu bekommen. Im Traum hatte er sich bereits ausgemalt, Mitglied eines Teams von Profis zu sein und mit dem Abenteuer seines Lebens zu beginnen. Er schmeckte bereits den Sieg. Das weiß ich, weil er mir in seiner Euphorie diese Vision seiner Zukunft anvertraut hatte.

Aber Halliday hatte es versäumt, an die Worte zu denken, die auf dem großen Holzschild eingeschnitzt waren, das hinter dem Podest des Ausbilders hing. Auf dem Schild stand: DER EINZIGE LEICHTE TAG WAR GESTERN. Das war das Mantra der SEALs, seitdem es der Ausbildungsjahrgang von 1989 auf der Rückseite seiner T-Shirts trug. *Der einzige leichte Tag war gestern.* Die Worte waren selbsterklärend, aber sie hatten noch eine viel tiefere Bedeutung. Es war eine Warnung für jeden Anwärter der SEALs. Die Bedeutung lautete: »Wenn du glaubst, der schwere Teil ist vorbei, dann täuschst du dich.« Morgen wird genauso schwierig wie heute, vielleicht noch schwieriger. Aber die Worte hatten auch außerhalb der Ausbildung großes Gewicht. Für mich waren die Worte ein Weckruf, eine Erinnerung daran, jeden Tag volle Leistung zu bringen. Sie erinnerten mich daran, dass kein Tag leicht werden würde und ich als Leader darauf vorbereitet sein musste, alles zu geben. Jeden. Einzelnen. Tag.

1986 verabschiedete der Kongress den Goldwater-Nichols Act, der die militärische Befehls- und Kommandostruktur neu ausrichtete, und damit ging das Nunn-Cohen Amendment einher, das zur Gründung des United States Special Operations Command (USSOCOM) führte. Diese beiden gesetzlichen Aufträge des Kongresses veränderten das Militär und besonders die Spezialeinsätze für immer. Einer der Offiziere, der maßgeblich daran beteiligt war, USSOCOM aufzubauen, war Navy Captain Irve Charles »Chuck« LeMoyne. LeMoyne war ein SEAL der Vietnam-Ära, der durch die Ränge bis an die Spitze aufgestiegen war und mitgeholfen hatte, die Gesetzesvorlage durch den Kongress zu bringen und dann in der Navy umzusetzen. LeMoyne hatte nicht nur Fans in den Teams. Er passte nicht in das Profil eines SEALs, der in Vietnam gekämpft hatte. Statt ungehobelt zu sein und starke Sprüche zu klopfen, war er ein Mann der leisen Töne und von ruhiger Entschlossenheit.

Nachdem USSOCOM gegründet worden war, wurde LeMoyne zum Admiral befördert, und er war der erste Commander des Naval Special Warfare Command. Er war der erste SEAL, der innerhalb der Gemeinschaft der SEALs wirklich die Rolle eines Admirals ausfüllte. Ich bin mir sicher, er hatte gehofft, die anstrengendsten Zeiten seien vorbei. Aber statt sich auf seinem Admiralsstern auszuruhen, machte sich LeMoyne daran, die SEALs und die Special Boat Units völlig neu zu organisieren und ebnete den Weg für eine langfristig erfolgreiche Zukunft der gesamten Gemeinschaft. Es war eine Herkulesaufgabe und eine, die stete Kritik innerhalb und außerhalb der SEAL-Community heraufbeschwor. Doch in all der Zeit, die ich in Gegenwart von Admiral Chuck LeMoyne verbrachte, habe ich ihn nie frustriert, fassungslos oder niedergeschlagen erlebt. Egal, mit welchen Herausforderungen er konfrontiert war, er hatte das Ruder stets fest in der Hand. Ihm war klar, dass alle Blicke auf ihm ruhten und er die Verantwortung hatte, sich unter allen Umständen von seiner besten Seite zu zeigen.

Nachdem er zum Zweisternegeneral befördert worden war, diagnostizierte man bei Chuck LeMoyne Kehlkopfkrebs, vermutlich dadurch ausgelöst, dass er in Vietnam mit Agent Orange in Kontakt gekommen war. Aber statt sich zur Ruhe zu setzen oder den SEALs nicht mehr unter die Arme zu greifen, strengte er sich doppelt so sehr an. Als seine Stimmbänder entfernt werden mussten und er mit einer elektronischen Sprechhilfe ausgestattet wurde, hielt er dennoch weiter öffentliche Reden. Als dienstältester SEAL war LeMoyne damals der Bullfrog, und ich erinnere mich daran, dass er jede Rede mit einem Scherz über seine digital verbesserte »Froschstimme« begann. Als ich ihn einmal fragte, wie er weitermachen konnte, obwohl er Krebs hatte, lächelte er, hielt sich die Sprechhilfe an den Hals und sagte, »Der einzige leichte Tag ...« Er musste den Satz gar nicht beenden.

Leider verstarb Chuck LeMoyne 1997 im Alter von 57 Jahren. Ihm war nie richtig bewusst geworden, welchen Einfluss er auf die heutigen Navy SEALs und Special Boat Units und auf die jungen Offiziere wie mich hatte, die ihn dabei beobachten durften, wie er mit Anstand, Demut, Humor und Mut andere führte.

Jahre später, als ich 2002 im Weißen Haus unter Bush arbeitete, lud mich der Commander der SEALs an der Ostküste zu einer Konferenz ein. Wie bei einer Versammlung von SEALs üblich, begannen wir jeden Tag mit einer Stunde Calisthenics-Übungen, gefolgt von einem langen Jogginglauf. Ich hatte 2001 einen schweren Fallschirmunfall und war noch nicht wieder ganz genesen. Jede körperliche Anstrengung war eine Herausforderung. Aber ich dachte an Chuck LeMoyne und wusste, er hätte nicht wegen etwas körperlichem Unbehagen aufgegeben. Also riss ich mich zusammen und schloss mich der Gruppe zur morgendlichen körperlichen Ertüchtigung an. Wir begannen mit der üblichen Reihe von Liegestützen, Sit-ups, »8-count Body Builders« und Beinhebern in Rückenlage. Ich konnte kaum eine der Übungen absolvieren, aber versuchte durchzuhalten. Im Anschluss folgte ein Lauf von 10 Meilen.

All meine SEALs-Kollegen sprinteten los. Ich konnte nur die ersten hundert Meter mithalten und fiel dann zurück. Nach wenigen

Minuten sah ich niemanden mehr. Die Strecke führte über fünf Runden ein zwei Meilen langes Stück eines Naturschutzgebiets entlang. Die Minuten vergingen und ich humpelte dahin, als der erste der Jogger, ein junger SEAL Lieutenant, mich überrundete. Er wurde kurz langsamer, lief neben mir her und warf mir einen prüfenden und verwirrten Blick zu, denn er wusste von meinem Fallschirmunfall.

»Sir, was zur Hölle tun Sie?«, fragte er.

»Was meinen Sie?«, erwiderte ich.

Er schüttelte den Kopf und sagte: »Sir, wieso sind Sie überhaupt hier draußen? Sie müssen niemandem mehr etwas beweisen.«

Bevor ich antworten konnte, hastete er weiter und verschwand in der Ferne.

Ich war damals ein Navy SEAL Captain. Ich hatte bereits mein Major Command hinter mir, ein wichtiger Meilenstein in der Karriere eines Offiziers, und für diesen jungen Lieutenant musste ich nichts mehr beweisen. Aber was ich ihm hätte sagen wollen – was ich aus ganzer Kehle herausschreien wollte –, war, *wie falsch er lag*.

Der Tag, an dem Sie glauben, nichts mehr beweisen zu müssen; der Tag, an dem Sie nicht mehr glauben, Sie müssen alles geben; der Tag, an dem Sie glauben, Sie hätten eine Sonderbehandlung verdient; der Tag, an dem Sie glauben, all die schweren Tage lägen hinter Ihnen; das ist der Tag, an dem Sie *nicht mehr* der richtige Leader für den Job sind.

Leadership erfordert Energie. Es erfordert Ausdauer. Es erfordert Resilienz. Es erfordert alles, was Sie haben und noch ein bisschen mehr. Die Männer und Frauen, die für Sie arbeiten, werden von dieser Energie gestärkt. Wenn Sie wirken, als wären Sie nicht darauf vorbereitet, mit den Herausforderungen an diesem Tag fertigzuwerden, werden sie das sehen. Wenn Sie niedergeschlagen wirken, weil der heute Tag schwieriger war als der gestrige, werden sie das spüren. Wenn Sie nicht bereit sind, alles zu geben, werden sie das merken. Und wenn Sie glauben, dabei geht es nur um Leader im Kampfeinsatz, dann täuschen Sie sich. Es betrifft alle großartigen Führungspersonen, die eine schwierige Aufgabe übertragen bekommen haben und aufgerufen sind, andere zu inspirieren, zu motivieren und zu managen.

Aber es bedeutet nicht, dass jeder Tag für Sie erschöpfend sein muss. Ein großartiger Leader zu sein, bedeutet nicht, dass Sie übermenschliche Stärke besitzen müssen. Es bedeutet nur, dass Sie jeden Tag erkennen müssen, welche Anstrengung es erfordert. Und an manchen Tagen werden Sie diese vielleicht nicht leisten können. Das ist in Ordnung. Es ist normal. Aber am nächsten Tag oder dem übernächsten sollten Sie diese Leistung bringen. Sie werden nur dann als Leader scheitern, wenn Sie glauben, dass der heutige Tag leichter sein wird als der gestrige.

Es ist einfach:

1. Sie müssen jeden Tag Energie und Enthusiasmus aufbringen.
2. Sie haben keinen Anspruch auf irgendetwas, abgesehen von noch mehr harter Arbeit. Die Mitglieder der Truppe arbeiten hart und erhalten weniger Bezahlung.
3. Gehen Sie jeden Tag so an, als wäre er entscheidend für den Erfolg des Unternehmens.

KAPITEL 6

In die Bresche springen

Die bedeutenden Unternehmen dieses Landes wurden nicht von gewöhnlichen Menschen gegründet. Sie wurden gegründet von Personen mit außergewöhnlicher Intelligenz, Ambition und Aggressivität.

– Daniel Patrick Moynihan

Paris ist wunderbar im Herbst. Die Bäume an den Champs-Élysées zeigen langsam ihre herbstlichen Farben. Am Morgen ist die Luft klar und der Geruch von starkem Kaffee und warmem französischem Gebäck liegt in der Luft. In der Nacht ist der Eiffelturm beleuchtet und unter seinen Stahlträgern versammeln sich alt und jung, um sich zu wärmen und zu plaudern. Paris hat diese gewisse Magie, besonders, wenn man gerade in Afghanistan ist und die Fantasie schweifen lässt.

Ich hatte schon seit Monaten von Paris geträumt. Ich erhielt einige Tage Urlaub von meinem Einsatz in Afghanistan, gerade lang genug, um nach Frankreich und wieder zurückzufliegen. Meine Frau Georgeann und unsere Tochter Kelly wollten sich dort mit mir treffen und nach einem halben Jahr ohne die beiden verzehrte ich mich geradezu danach, sie zu sehen. Dann ein Klopfen an der Tür.

»Herein«, rufe ich durch das Zimmer, dessen Wände aus Sperrholz bestanden.

Die Tür zu meiner kleinen Baracke öffnete sich, und der Colonel, der die nächtlichen Einsätze leitete, kam herein.

»Sir, es tut mir leid, Sie zu stören, aber wir hatten einen Vorfall mit zivilen Opfern. Eine üble Sache.«

»Nehmen Sie sich einen Stuhl«, forderte ich ihn auf.

Der Colonel legte eine Mappe mit Luftaufnahmen auf den kleinen Tisch in meinem Zimmer. In den folgenden Minuten schilderte er die Vorkommnisse, bei denen es zivile Opfer gab. Er hatte recht, es war eine üble Sache. Der Verlust von Zivilisten ist immer übel – unschuldige Menschen, die ins Kreuzfeuer geraten oder die versehentlich für Taliban oder Mitglieder von Al-Qaida gehalten wurden. Man versucht sich einzureden, das sei nun mal die Natur des Krieges, aber das macht es nicht leichter. Es geht um echte Menschen, die echte Verluste erlitten haben. Nichts kann diesen Schmerz lindern – nicht ihren und nicht den eigenen.

»Sir, der General wurde schon verständigt und ich muss wohl nicht extra erwähnen, dass er nicht gerade glücklich darüber ist. Ich habe seinem Stab gesagt, dass Sie morgen abreisen, und er hat mich gebeten, mit Ihnen heute Abend zu sprechen, bevor Sie Ihren Urlaub antreten.«

»Okay. Stellen Sie eine Verbindung her. Ich bin gleich oben in der Gefechtszentrale.«

Als der Colonel ging, war mir schon klar, was zu tun war.

Ich nahm das Telefon und ließ mich von der militärischen Funkzentrale mit Fort Bragg in North Carolina verbinden.

Als es am anderen Ende klingelte, nahm Georgeann sofort ab. Bevor ich ein Wort herausbrachte, fragte sie: »Ist alles in Ordnung? Wir können es kaum erwarten, dich in Paris zu treffen!«

Ich stockte. Sie wusste es schon, bevor ich etwas sagen konnte.

»Du kommst nicht nach Paris, oder?«

Ich atmete tief durch und schilderte die Situation. Auf keinen Fall konnte ich jetzt abreisen. In diesem Moment – angesichts des tragischen Verlustes mehrerer Menschenleben, wenn der Ruf der Truppe auf dem Spiel stand, wenn diejenigen über und unter mir Führungsstärke erwarteten, wenn meine Anwesenheit nötig war, um mit dieser Krise fertigzuwerden – konnte ich auf keinen Fall nach Paris fliegen. Ich wusste es, und nach 35 Jahren Ehe wusste meine Frau es auch. Wir hatten so etwas schon mal erlebt. Es war eine Lektion, die ich viele Male in meiner Karriere hatte lernen müssen. Wenn etwas so schiefgeht, muss man als Leader handeln, sich dorthin begeben, wo es Probleme gibt und die Krise frontal angehen.

Anfang Juli 1863 war es drückend heiß. Die Soldaten des 20. Maine Infanterieregiments waren durch den tagelangen Marsch zu einer kleinen Stadt in Pennsylvania namens Gettysburg erschöpft. Aufklärungsdaten hatten darauf hingedeutet, dass General Robert E. Lee seine Armee von Virginia aus den Potomac überqueren ließ, nach Pennsylvania kam und den Kräften der Nordstaaten den Weg nach Washington, D. C., abschneiden wollte.

Eine kleine Einheit der Nordstaaten war einige Tage zuvor angekommen und hatte Stellung am McPherson's Ridge bezogen, einem Gelände westlich von Gettysburg. Als die ersten Konföderierten ankamen, wurden sie davon überrascht, dass die Truppen der Nordstaaten bereits Stellung bezogen hatten. In den nächsten zwei Tagen verstärkten die Nordstaaten, jetzt unter dem Kommando von General George Meade, und die Armee der Konföderierten ihre Stellungen rund um Gettysburg. Die Kräfte der Nordstaaten brachten sich auf einer höheren Position in Stellung, die als Cemetery Ridge bekannt war.

Cemetery Ridge erstreckte sich von Culp's Hill im Norden den Hügelkamm hinab Richtung Süden auf Big und Little Round Top zu. Little Round Top bildete die linke Flanke der Linien der Nordstaatenarmee und war am verletzlichsten für die Angriffe der Rebellen. Wenn die Konföderationstruppen Little Round Top einnehmen konnten, hätten sie die Reihen der Nordstaaten durchbrechen und Meades Armee besiegen können.

Am 2. Juli 1863 begann die Schlacht, und mehrere Versuche der Südstaatenarmee, die Linien auf Cemetery Ridge zu durchbrechen, waren bereits vereitelt worden. General John Geary zog irgendwann einen beträchtlichen Teil der Männer von Little Round Top ab, um eine geschwächte Position der Unionsarmee weiter im Norden zu stärken. Damit war die linke Flanke schwerwiegend geschwächt. Als Meade den Fehler entdeckte, schickte er sofort eine Brigade der 1. Division, um die Verteidigungslinien zu stärken.

Lee sah allerdings eine Chance durchzubrechen, und bevor die Unionsbrigade auf dem Höhenkamm Stellung beziehen konnte, gab er den Befehl zum Angriff. Die Männer, die Little Round Top zu halten versuchten, gehörten zu den 2. United States Sharpshooters, zur 16. Michigan, 44. New York und der 83. Pennsylvania und ganz am Ende der linken Flanke waren 386 Infanteristen der 20. Maine unter dem Kommando von Colonel Joshua Chamberlain.

Chamberlain war nicht unbedingt der klassische Soldat. Unmittelbar vor dem Krieg hatte er als Professor für moderne Sprachen am Bowdoin College gelehrt. Er war umfassend gebildet, kultiviert, einer eher sitzenden Tätigkeit nachgegangen und hatte sich eingehend mit Militärgeschichte befasst. Als der Krieg ausbrach, hatte er sich freiwillig gemeldet. Man hatte ihm das Kommando über das 20. Maine Infanterieregiment übertragen, das nicht unbedingt zu den Elitetruppen der Armee zählte. In dieser Einheit waren viele unmotivierte Soldaten, Meuterer und Männer, die sich für zwei Jahre verpflichtet hatten. In den folgenden Monaten tat Chamberlain alles, was er konnte, um die 20. Maine kampfbereit zu machen.

Am 2. Juli starteten die zahlenmäßig überlegenen Kräfte der Division unter Major General John B. Hood einen Angriff auf die 20. Maine. Hood hatte seinen Soldaten Befehl gegeben, die übrigen Unionseinheiten anzugreifen und Little Round Top zu erobern.

Als die Schlacht tobte und die Soldaten der Konföderationstruppen kurz vor dem Sieg über die zahlenmäßig unterlegene

20. Maine standen, schnappte sich Chamberlain, der eine höher gelegene Position hielt, sein Gewehr und bewegte sich auf die Kampflinie zu. Chamberlain war bei einem Kanonentreffer verwundet worden und humpelte auf seine Männer zu, stellte sich auf eine Linie mit der Regimentsflagge und schrie: »Bajonette aufpflanzen! Vorwärts nach rechts!« Die Soldaten der 20. Maine pflanzten die Bajonette auf, drehten sich nach rechts und rannten den Hügel hinab auf die herannahenden Rebellentruppen zu. Das Ausmaß an Kampfeswut und Mut, den die 20. Maine demonstrierte, war so überraschend, dass die Konföderierten gezwungen waren, den Rückzug anzutreten, und damit waren Little Round Top und die linke Flanke der Unionskräfte gesichert.

Die Geschichte sollte später festhalten, dass Chamberlains Führungsstärke und der Mut der Soldaten der 20. Maine die Unionsarmee an diesem Tag bei Gettysburg gerettet haben. Und wäre Meade bei Gettysburg besiegt worden, ist es durchaus möglich, dass der Süden den Bürgerkrieg gewonnen hätte. Stellen Sie sich vor, wie anders die Welt heute aussähe, wenn Chamberlain nicht »in die Bresche gesprungen« wäre.

Leider verstehen nicht alle Leader dieses Konzept, auf ein Problem schnell zu reagieren, Verantwortung zu übernehmen und selbst nach einer Lösung zu suchen. Als im April 2010 die Ölbohrplattform Deepwater Horizon im Golf von Mexiko explodierte, elf Männer tötete und eine der größten Ölkatastrophen in der Geschichte der Mineralölindustrie verursachte, reagierte der Mutterkonzern nur langsam. Der CEO blieb zunächst in London, statt zur U.S.-Golfküste zu reisen, wo der Schaden entstanden war. Noch schlimmer war, dass der

CEO das Ausmaß des Vorfalls herunterspielte, obwohl ein Schaden in Höhe von Milliarden Dollar entstanden war und das Leben von Millionen Menschen nachteilig beeinflusst wurde, und behauptete, der Ölteppich sei »winzig« im Vergleich zum »sehr großen Ozean«. Statt Verantwortung zu übernehmen und das Problem anzugehen, reagierte er auch noch genervt, als die Katastrophe weiter Schlagzeilen machte, und es schien ihm wichtiger zu sein, dass sie Auswirkungen auf sein *eigenes* Leben hatte. Irgendwann sagte er zu einem Reporter: »Wissen Sie, ich hätte gern mein Leben zurück.« Man muss es nicht extra erwähnen, aber angesichts all der Menschen, deren Leben durch die Explosion ruiniert wurde, kam seine unsensible Antwort nicht gut an. Er wurde kurz danach aus seiner Position als CEO entlassen.

Wieso tun sich so viele Menschen schwer damit, sich als Problemlöser hervorzutun? Weil das vermutlich bedeutet, dass sie zum Teil dafür verantwortlich waren. Gute Leader verstehen, dass Unternehmen häufig vor Herausforderungen stehen. Deswegen hat man Sie als Leader angestellt. Heißen Sie die Herausforderung willkommen. Akzeptieren Sie die Tatsache, dass Sie jedes Problem mit Nachdruck angehen müssen und manchmal nur Sie als Leader die schwierigsten Krisen einer Institution lösen können. Schrecken Sie nie zurück. Treten Sie nie den Rückzug an, wenn Sie vor einem schwierigen Problem stehen.

Mein Vorgesetzter in Afghanistan war gar nicht erfreut über die zivilen Opfer, was natürlich selbstverständlich war. Zum Glück war er ein herausragender Soldat und verstand die Herausforderungen eines Kampfeinsatzes. Meine Truppe brauchte lange, um das Vertrauen der Vorgesetzten zurückzugewinnen und vor allem das Vertrauen der örtlichen Zivilbevölkerung und unserer afghanischen Kollegen. Aber der erste Schritt bestand darin, Verantwortung für die Tragödie zu übernehmen und dann das Problem energisch anzugehen. In die Bresche zu springen birgt stets ein Risiko, sowohl persönlich als auch beruflich, aber sich vor dem Problem zu verstecken, wird es nur schlimmer machen. Manchmal muss man eben »die Bajonette aufpflanzen« und in die Bresche springen.

Es ist einfach:

1. Seien Sie offensiv. Wenn Sie ein Problem sehen, tun Sie etwas dagegen. Das wird von einem Leader erwartet.
2. Nehmen Sie einen Standpunkt ein, von dem aus Sie das Problem am besten analysieren und Anleitung sowie Ressourcen bieten können, um es so schnell wie möglich zu lösen.
3. Machen Sie bei jedem Schritt klar, was Ihr Ziel ist.

KAPITEL 7

Sua Sponte

Initiative bedeutet, das
Richtige zu tun, ohne dass
es einem jemand sagt.

– Victor Hugo

Hügel 205 schien ein unwahrscheinlicher Ort für die Geburt einer Legende der Army. Nachdem MacArthur am 15. September 1950 bei Inchon gelandet war, dominierten seine Truppen die nordkoreanische Armee und trieben sie bis über den 38. Breitengrad fast bis zum Fluss Yalu an der Grenze zu China. Angesichts des Erfolgs der Amerikaner und der Niederlage der Nordkoreaner glaubte einige Experten an ein schnelles Ende des Krieges.

Als die 25. Infanteriedivision in Richtung des Flusses Kuryong vorstieß, schien der Sieg unmittelbar bevorzustehen. Aber zur Überraschung von MacArthur und des US-Militärs sollte die Intervention der Chinesen alles verändern. Am 25. November 1950 wurde ein kleines Regiment von Army Rangers abkommandiert, um einen wichtigen Landstreifen südlich des Flusses einzunehmen und zu halten. Sie wussten aber nicht, dass das 39. Armeekorps der Chinesen eine gewaltige Streitmacht aufgestellt hatte, um diesen Hügel zu verteidigen.

Die Ranger, angeführt von First Lieutenant Ralph Puckett, machten sich auf den Weg über ein Feld auf die Anhöhe zu, die als Hügel 205 bekannt werden sollte. Als die Ranger sich auf den Hügel zubewegten, eröffneten die Chinesen ein Sperrfeuer aus Mörsern, Maschinengewehren und Handfeuerwaffen. Da seine Männer keine Deckung hatten, forderte Puckett die Unterstützung der amerikanischen Artillerie an, aber die chinesischen Soldaten, die die Maschinengewehre und Mörser bedienten, hatten sich in Gruben getarnt und waren schwer zu entdecken. Er musste eine Möglichkeit finden, die chinesischen Schützen festzusetzen, bevor die Ranger das Feuer erwidern konnten.

Puckett hatte sich selbst an die Spitze der vorrückenden Ranger gesetzt und wusste, dass er nur Eines tun konnte: Ohne Rücksicht auf das eigene Leben erhob sich Ralph Puckett aus der Deckung und rannte auf das offene Feld, womit er die Chinesen zwang, auf den jungen Lieutenant zu zielen. Als die Maschinengewehrschützen das Feuer auf den sprintenden Puckett eröffneten, sahen die Ranger deren Positionen und schossen zurück. Puckett rannte zurück in die kleine Bodensenke, in der er Deckung gesucht hatte, um kurz zu Atem zu kommen und sprang dann erneut ins Freie, wieder und wieder. Jedes Mal, wenn Puckett in das offene Terrain rannte, konnten die Ranger weitere Maschinengewehrschützen einzeln ins Visier nehmen und ausschalten.

Nachdem sie den Beschuss unterdrückt hatten, machten sich die Ranger an die Aufgabe, Hügel 205 einzunehmen. Es ging in die Geschichtsbücher ein, dass die Ranger unter dem Kommando von Ralph Puckett in den nächsten zwei Tagen Welle um Welle chinesischer Angriffe abwehrten, wobei zehn Ranger starben und 31 verwundet wurden, inklusive Puckett. Für seinen Einsatz bei der Eroberung von Hügel 205 erhielt Ralph Puckett die Ehrenmedaille. Puckett diente später in Vietnam, wo er die zweithöchste Ehrung des Landes erhielt, das Distinguished Service Cross und zwei Silver Stars.

Als sich Jahre später einer seiner Soldaten an die Heldentat von Lieutenant Puckett erinnerte, der über das offene Gelände sprintete, sagte er: »Es musste getan werden und irgendjemand musste es tun!«

Die Ranger haben den lateinischen Leitspruch *Sua Sponte*. Das bedeutet: *aus eigenem Antrieb*. Mit anderen Worten, etwas zu tun, was getan werden sollte, ohne den Befehl dafür zu erhalten. Es herrscht oft der Irrglaube vor, dass Soldaten nur Befehle befolgen, aber die Stärke des amerikanischen Militärs liegt darin, dass gute Soldaten und die wahrlich großen Leader das Richtige tun, ohne dass es ihnen jemand sagt. Sie tun, was getan werden muss, um die Männer und Frauen unter ihrem Befehl zu schützen. Sie tun, was angebracht ist, um das Ansehen ihrer Einheit zu schützen. Sie tun, was recht ist, um ihr Land zu ehren. Sie tun, was getan werden muss, ob man es ihnen befiehlt oder nicht. Dieses Gefühl der Eigeninitiative unterscheidet die großartigen Leader von den mittelmäßigen. Niemand befahl Ralph Puckett, wagemutig auf dieses Feld zu rennen, aber *jemand musste es tun.*

Dieses Ausmaß an Initiative habe ich wiederholt im Krieg in Irak und Afghanistan gesehen. Die Army, Navy, Air Force und das Marine Corps wussten, die Natur der Kämpfe machte es erforderlich, dass die Generäle und Admirale es den niederrangigen Offizieren und einfachen Soldaten gestatteten, schwierige Entscheidungen im Kampfeinsatz zu treffen. Wir mussten die Verantwortung abgeben, denn es gab einfach nicht genug ranghöhere Offiziere, um alle taktischen Operationen zu überwachen. Wir mussten den einfachen Soldaten zutrauen, das Richtige zu tun.

Es ist stets schwierig für Leader, die in der Hierarchie weiter oben stehen, den Untergebenen wichtige Entscheidungen anzuvertrauen; Entscheidungen, die unweigerlich einen Einfluss auf das Ansehen der gesamten Einheit und die ranghöheren Offiziere haben. Aber wenn Sie keine Kultur schaffen, die es den rangniedrigeren Mitarbeitern gestattet, aus eigenem Antrieb zu handeln, werden diese im Sumpf der Unentschlossenheit steckenbleiben und das wird jede Vorwärtsbewegung behindern.

Aber Leadership wird nicht immer durch den Mann oder die Frau an der Spitze der Kommandokette definiert und Sie müssen nicht immer das Kommando haben, um zu führen.

Es war ein typischer Tag in Honolulu: Der Himmel war klar, eine warme tropische Brise strich sanft durch die Palmen, und das Meer vor Ford Island war majestätisch blau. Als Navy Captain und »Commodore« der Naval Special Warfare Group ONE war ich 1998 auf Ford Island in Hawaii gekommen, um ein Gebäude einzuweihen, das meinem engen Freund Lieutenant Commander Moki Martin gewidmet werden sollte. Moki war in Hawaii geboren und aufgewachsen und hatte eine bemerkenswerte Karriere bei den Navy SEALs gemacht. Als Vietnamveteran war Moki der Bilderbuchfroschmann. Während seiner Karriere erhielt er mehrere hohe Auszeichnungen für Kampfeinsätze, war Experte für jede Waffengattung, die im Arsenal zur Verfügung stand, ein erfahrener Fallschirmspringer und Taucher und außergewöhnlicher Athlet. Leider hatte Moki 1983 einen Motorradunfall, der ihn von der Brust abwärts lähmte. Er hatte die letzten 15 Jahre im Rollstuhl verbracht.

Der große Hangar, in dem die Zeremonie stattfinden sollte, war mit roten, weißen und blauen Fähnchen geschmückt, das Sternenbanner und die hawaiianische Bundesstaatsflagge waren hinter dem Podium angebracht und über 200 Besucher und SEALs waren anwesend. Mehrere Stuhlreihen standen vor dem Podium und die SEALs und Seeleute standen alle in Habachtstellung am hinteren Rand des Hangars.

Nach dem üblichen Pomp und dem Rahmenprogramm ging ich zum Podium, um eine kleine Rede zu halten. Als ich fertig war, rollte Moki in seinem Rollstuhl zum Mikrofon, das wir so positioniert hatten, dass er es in sitzender Position erreichen konnte.

Als Moki das Wort ergriff, zeigte sich, dass die Organisatoren der Veranstaltung das Mikro nicht auf der richtigen Höhe angebracht hatten. Selbst die erste Reihe konnte nicht hören, was Moki sagte. Mir wurde klar, dass ich aufstehen, vor all den anderen Würdenträgern vorbeilaufen und umständlich das Mikrofon neu positionieren musste. Moki bedankte sich gerade bei den Leuten, aber wenn ich nicht bald handelte, würde das Publikum seine inspirierenden Worte gar nicht verstehen.

Als ich mich gerade von dem Stuhl erhob, trat ein junger SEAL in weißer Uniform aus dem Glied und marschierte an den 200 Gästen vorbei direkt zum Mikrofon. Er nahm Habachtstellung ein, salutierte Lieutenant Commander Martin, stellte das Mikrofon richtig ein, salutierte erneut, drehte sich zackig auf dem Absatz um und kehrte in seine Formation zurück. Kein einziger Moment von Mokis Ansprache ging verloren.

Nachdem die Einweihung des Gebäudes vorbei war, näherte ich mich dem jungen SEAL und dankte ihm für seine prompte Reaktion. Er antwortete: »Sir, es musste etwas getan werden und keiner sonst hat es getan. Also dachte ich, es war wohl an mir, etwas zu tun.« Das war vielleicht die beste Reaktion im Sinne echter Leadership, die ich jemals gehört hatte. »Niemand sonst hat etwas getan, also musste ich etwas tun.« Das ist die Essenz von Sua Sponte.

Wahre Leadership dreht sich nicht immer um die Person, die in einer existenziellen Krise das Kommando hat. Sie müssen nicht Ralph Puckett sein und über ein offenes Feld rennen, während der Feind versucht, Sie zu erschießen. Manchmal besteht wahre Führungsstärke darin, einfach das Richtige zu tun, wenn niemand anderes es tut. Wenn Sie aus eigenem Antrieb handeln, beeinflusst das die Kultur in einem Unternehmen. Das zeigt anderen, dass in diesem Unternehmen Initiative erwartet und hoffentlich auch belohnt wird. Die Angestellten erhalten ein Gefühl von Empowerment und Ownership. Sie werden Fehler machen und ihre Fehler werden Folgen haben, aber … ich garantiere Ihnen, die Fehler aufgrund dieser Handlungen haben weit weniger Konsequenzen als die Fehler, die dadurch entstehen, dass niemand etwas tut.

Es ist einfach:

1. Sorgen Sie für eine Kultur, die es begünstigt, in Aktion zu treten, und gestatten Sie den Angestellten, die Initiative zu ergreifen und Probleme zu lösen, die angegangen werden müssen.
2. Akzeptieren Sie, dass es dabei zu Übereifer kommen kann und auch mal etwas verpfuscht wird. Dieser Übereifer ist besser als eine Kultur des Nichthandelns.
3. Loben Sie diejenigen, die von sich aus Probleme lösen, selbst wenn die Ergebnisse nicht wie erwartet ausfallen.

KAPITEL 8

Wer wagt, der gewinnt

Es ist besser,
einen Fehler zu machen,
wenn man etwas wagt,
als zu vorsichtig zu sein.

– Alvin Toffler, amerikanischer
Schriftsteller und Zukunftsforscher

Ich sah auf die Uhr. Noch eine halbe Stunde bis zum Start. Die orangefarbene Dose mit dem »Rip It«-Energydrink auf meinem Schreibtisch war fast leer. Ich nahm einen letzten Schluck, stand auf und ging zum Tactical Operation Center. Das TOC war ein kleiner, fensterloser Raum, gefüllt mit riesigen Flachbildschirmen, auf denen die Informationen der abendlichen Mission aufleuchteten. 20 Personen saßen an ihren Schreibtischen, starrten auf die Computerbildschirme und koordinierten die letzten Anweisungen. Der Raum vibrierte vor Aktivität, aber es war relativ leise. Niemand bemerkte, dass ich die Einsatzzentrale betreten hatte. Das war gut. Alle mussten sich auf ihre Arbeit konzentrieren. Heute sollte die größte Mission im Leben dieser Menschen stattfinden. Wenn wir einen Fehler machten, würden wir die Last dieses Versagens für immer auf unseren Schultern tragen. Wenn wir alles richtig machten, wäre es ein Erbe, auf das man stolz sein konnte.

Wir durften uns keinen Fehler erlauben.

»Okay, Chris. Zeit, zu gehen«, sagte ich.

Chris Faris, mein Command Sergeant Major und der ranghöchste Mitarbeiter, lehnte sich über die Schulter eines der Aufklärungsanalysten. Er nickte dem jungen Mann zu, lächelte, klopfte ihm auf die Schulter und stellte sich neben mich in die Tür.

»Verdammt, diese Leute sind richtig gut«, sagte Faris.

»Das sollten sie besser auch sein«, erwiderte ich. »Eine Menge lastet auf ihren Schultern.«

Faris und ich verließen das einstöckige Betongebäude und traten aus der stickigen Luft in die Nacht hinaus. Afghanistan hat nachts einen sehr charakteristischen Geruch. Die Luft ist klar und sauber, eine Brise weht von den Bergen in die Täler herab. Und doch riecht man dieses charakteristische Aroma menschlichen Lebens – Rauch und Schweiß und Erde und Holz –, das die Reinheit der Natur durchdringt und die Sinne anregt.

Unser Stützpunkt in Dschalalabad war von Leben umgeben. Tausende Afghanen lebten in der nahegelegenen Stadt, kochten ihre Mahlzeiten, kümmerten sich um ihre Tiere und umsorgten ihre Familien. Für sie war der 1. Mai 2011 eine normale Nacht, aber für uns, die Teil der Operation »Neptuns Speer« waren, war es die Nacht, in der wir hofften, Osama bin Laden zu schnappen.

Ich sah erneut auf die Uhr. Noch 20 Minuten bis zum Start.

Faris und ich ließen das TOC hinter uns, überquerten einen Hof, auf dem kleine, gedrungene Palmen wuchsen, liefen einen Fußweg aus rissigem Beton entlang in einen offenen Bereich, wo die SEALs letzte Vorbereitungen trafen, bevor sie sich auf den Weg zu den Helikoptern machten. Ein Feuer brannte hell in der Feuergrube und Musik schallte laut aus einem Ghettoblaster. Als ich mich der Gruppe schwer bewaffneter Männer näherte, schaltete der Master Chief des SEAL-Geschwaders die Musik aus und rief allen zu, sie sollten sich versammeln.

Es lag keine Anspannung in der Luft, es waren ernste Männer, die sich für eine ernste Mission bereitmachten. Eine Mission, von der alle wussten, dass sie für immer ihr Leben beeinflussen würde, ob erfolgreich oder nicht.

Die SEALs sahen mich schweigend an. Ich gab Faris ein Zeichen, einige Worte zu sagen. Faris war schon seit seinem 18. Lebensjahr in Kampfeinsätzen gewesen. Er verstand die Einstellung dieser Männer, die sich bereitmachten, in die Helikopter zu steigen, besser als ich. Jeder in der Formation kannte Chris' Background. Er hatte für heldenhaftes Verhalten während des berüchtigten »Black Hawk Down«-Vorfalls den Silver Star erhalten. Er hatte in Bosnien gedient. Und die letzten zehn Jahre hatte er mit einer Elitespezialeinheit der Army für Special Operations im Irak gekämpft. Er hatte sich den Respekt der SEALs verdient und sie schenkten ihm ihre volle Aufmerksamkeit.

Auch im Mai waren die Temperaturen in Dschalalabad nachts niedrig genug, um ein Feuer anzumachen. Faris trat an die Feuergrube und stellte einen Stiefel auf einen der Steine, die sie eingrenzten.

Faris war schlank, hatte welliges schwarzes Haar, einen kantigen Kiefer und dunkle, durchdringende Augen. Er schwieg einen Moment und sah sich die 24 Männer an, die um ihn versammelt waren. Dann warf er einen Blick auf den Boden, als würde er seine Gedanken ordnen.

»Gentlemen, unsere britischen Kollegen haben ein Sprichwort.« Erneut machte er eine Pause und ließ den Blick der Reihe nach zu den im Halbkreis stehenden Männern schweifen. »Wer wagt, der gewinnt. Heute Nacht werden Sie einiges wagen und ich weiß, Sie werden siegreich sein.«

Wer wagt, der gewinnt. Vier Worte, die den Geist jeder Kommandoeinheit zusammenfassen, und vier Worte, die einen großartigen Leader von einem durchschnittlichen unterscheiden.

1942 überzeugte ein schlaksiger junger britischer Offizier namens David Stirling seine Vorgesetzten, dass eine kleine Gruppe von Kommandosoldaten einen Angriff auf die Panzereinheiten von Feldmarschall Erwin Rommel mit gewaltiger zerstörerischer Wirkung starten konnte. Stirling nannte seine Kommandoeinheit Special Air Service (SAS), um ihre wahre Mission zu verschleiern. Nach mehreren erfolglosen Versuchen durch Bodeneinsätze und Fallschirmabsprünge befehligte Stirling 18 Jeeps, auf die man Maschinengewehre montiert hatte, und startete mit diesen Fahrzeugen Attacken auf die deutschen Treibstofflager und Flugfelder. 1942 führte Stirling persönlich mehrere Überraschungsangriffe hinter deutschen Linien durch. Rommel nannte Stirling den Phantommajor, aufgrund seiner Fähigkeit, hinter die deutschen Linien zu gelangen und unbemerkt wieder zu verschwinden. Stirling wurde schließlich gefangengenommen, entkam und wurde erneut gefangengenommen, aber seine SAS-Kommandosoldaten erarbeiteten sich in Nordafrika einen legendären Ruf. Als man ihn bat, sich ein Motto für den SAS einfallen zu lassen, wählte Stirling den lateinischen Satz *Qui audet adipiscitur*: Wer wagt, der gewinnt.

Am Tag vor dem Start der Mission, Osama bin Laden auszuschalten, hatte mich Präsident Barack Obama in meinem Hauptquartier in Bagram in Afghanistan angerufen, um mir und den SEALs viel Glück zu wünschen. Ich wusste seinen Anruf sehr zu schätzen, mehr, als ihm vermutlich klar war, denn ich wusste, unter welch gewaltigem Druck er stand. In den letzten sieben Monaten hatten die Geheimdienste versucht herauszufinden, ob der hochgewachsene Mann, der sich im Innenhof des Gebäudekomplexes in Abbottabad in Pakistan die Beine vertrat, Osama bin Laden war. Aber selbst mit all unseren Ressourcen konnten wir nicht mit Sicherheit feststellen, dass der »Spaziergänger« tatsächlich der Mastermind hinter 9/11 war. Das bedeutete, dass der Präsident der Vereinigten Staaten eine Entscheidung treffen musste, und das basierend auf ungenügenden Aufklärungsdaten: eine Entscheidung, die 24 SEALs und vier Helikopter in ein souveränes Land zu schicken, zu einem Gelände, das nur fünf Kilometer von einer pakistanischen Militärbasis, fünf Kilometer von einem großen Infanteriebataillon und eineinhalb Kilometer von einer Polizeistation entfernt war. Wenn die

Entscheidung falsch war und der Mann, der auf dem Gelände hin und her lief, lediglich irgendein hochgewachsener Pakistani war, wäre es das Ende von Obamas politischer Karriere gewesen. Er hätte die Last eines Fehlschlags dieser Mission bis an sein Lebensende mit sich herumgeschleppt. Gar nicht zu reden von der Möglichkeit, dass bei dieser Mission auf beiden Seiten Menschen sterben konnten. Es war ein gewaltiges Risiko, aber eines, von dem der Präsident wusste, dass er es eingehen musste. Ich bewunderte seinen Mut – *Wer wagt, der gewinnt* –, aber vor allem bewunderte ich seinen Intellekt, denn er verstand, welches Risiko er einging.

Aufgrund der zahllosen Bücher und Filme über Navy SEALs gibt es diesen Irrglauben, dass man einfach sein Gewehr schnappt und loslegt, wenn einem eine Mission übertragen wird. Im Film bleibt dem Drehbuch nicht genug Zeit, um all die Planung und Vorbereitung zu zeigen, die in eine solche Operation einfließen. Niemand würde die Bücher lesen, wenn sich die Hälfte der Kapitel nur um den Prozess militärischer Planung drehen würden. Der Leser, das Publikum, alle wollen Action. Sie wollen Heldentaten und das unglaubliche Drama sehen, das sich im Kampfeinsatz abspielt. Aber wer will einen Haufen Typen mit bunten Filzstiften und Whiteboards sehen, die einen detaillierten Plan entwerfen?

Etwas zu wagen, bedeutet nicht, unnötige Risiken einzugehen. Jeder Dummkopf kann das Leben, das Geld oder die Zukunft anderer aufs Spiel setzen, entweder im Geschäft oder in Kampfeinsätzen. Etwas zu wagen, bedeutet Grenzen auszuloten; eine Gelegenheit zu ergreifen, während andere vor dem Risiko zurückschrecken. Aber ein guter Leader weiß, dass er das Risiko weit genug reduzieren muss, um es im Griff zu haben, auf einen Pegel, der der Ausbildung oder dem Talent derjenigen angemessen ist, die die Aufgabe ausführen sollen.

In den drei Wochen vor dem Angriff auf Bin Laden verbrachte das Team drei Viertel seiner Zeit damit, die Mission zu planen. Wir hatten umfassende Aufklärungsdaten über die Luftabwehr der Pakistaner, über Polizei, Militär, das Gelände, das Wetter und das Grundstück, auf dem sich Bin Laden aufhielt. Unser Plan beinhaltete 165 Phasen, in denen wir jede Anforderung festlegten, die das vorbereitende Training betraf; jedes Stück der Ausrüstung war beschrieben; jedes Risiko, was die Aufklärung anging, und jeder möglicher Ausnahmefall. Wir versuchten, nichts dem Zufall zu überlassen, auch wenn wir natürlich wussten, dass Zufall und Unsicherheit ein Teil jeder Mission sind. Für die Punkte, bei denen wir das Risiko wegen ungenügender Aufklärungsdaten nicht genau einschätzen konnten (gab es Sprengfallen auf Bin Ladens Grundstück, hatte er einen unterirdischen Fluchttunnel?), entwickelten wir Pläne, um jede einzelne Eventualität abzudecken.

Während des Einsatzes stürzte der MH-60 Black Hawk Helikopter ab, der das Grundstück zuerst erreichte, weil der Abwind des Rotors einen Wirbel (ein Vakuum) über dem Helikopter erzeugt hatte und er den Auftrieb verlor. Aber aufgrund der umfangreichen Planung, die wir durchgeführt hatten, gab es einen Ersatzhelikopter, der nicht weit dahinter flog. Ein abgestürzter Helikopter war ein kalkuliertes Risiko, das wir vorhergesehen hatten und auf das wir vorbereitet waren.

Nach dem Ende der Mission, als Bin Ladens Überreste auf See bestattet worden waren, dämmerte der Morgen über einem jubilierenden Amerika. Der Gerechtigkeit war Genüge getan. Der Präsident erhielt verdienten Applaus für seinen Mut, die Bereitschaft, auf Grundlage von nicht ganz gesicherten Aufklärungsdaten ein Risiko einzugehen. Als man ihn wegen dieser Entscheidung unter Druck setzte, merkte der Präsident an, dass zwar das Maß an Sicherheit, mit dem man sagen konnte, Bin Laden sei auf diesem Gelände, nur 50 Prozent betrug, er aber 100 Prozent Vertrauen in die SEALs hatte, in die Helikoptercrews und die Experten für militärische Aufklärung, die die Mission leiteten. Die Entscheidung des Präsidenten, das Go zu erteilen, war ebenso analytisch wie mutig.

Wenn wir uns die Geschichte ansehen und einen Blick auf diejenigen werfen, die in der Wirtschaft, im Showbusiness, im Leistungssport, den Künsten oder beim Militär große Risiken eingegangen sind, sehen wir, dass diese Männer und Frauen verstanden haben, dass jedes Risiko auch eine Chance beinhaltet. Diese Chance besteht, weil die Risiken zu groß schienen und andere – diejenigen, denen es am Selbstvertrauen mangelt, um den nächsten Schritt zu gehen – zu ängstlich waren, um den Schritt in unbekanntes Gelände zu gehen. Und dennoch kommen auf jeden erfolgreichen Mann und jede erfolgreiche Frau tausende Fehlschläge. Was unterscheidet Erfolg und Fehlschlag?

1991 war ich Student an der Naval Postgraduate School in Monterey, Kalifornien. Zwei Jahre arbeitete ich daran, eine Theorie für Spezialeinsätze zu entwickeln. Ich wollte wissen, wieso Missionen im Rahmen von Spezialeinsätzen erfolgreich waren, obwohl man dabei ein außergewöhnlich hohes Risiko einging. War die Kühnheit dieser Einsätze ausreichend, um erfolgreich zu sein? Waren die eingesetzten Kommandosoldaten dem Feind so überlegen, dass sie einen Kampf einfach gewinnen mussten? War ihre Technologie so fortgeschritten, dass sie dadurch einen überwältigenden Vorteil besaßen? Wie sich herausstellte, waren all diese Faktoren notwendig, aber sicher nicht ausreichend für den Erfolg. In jedem Fall musste *Wer wagt, der gewinnt* noch durch *Wer plant und sich vorbereitet, der gewinnt* ergänzt werden. Nur durch ausgiebige Planung und Vorbereitung waren die Leader der Special Operations in der Lage, die wichtigsten

Risikofaktoren zu identifizieren und Optionen zu entwickeln, um diese einzuplanen. Für Außenstehende, die einen Blick darauf warfen, erschienen die Risiken gewaltig. Aber für die Beteiligten waren die Risiken in den Griff zu bekommen.

Jeder große Leader muss über eine gewisse Kühnheit verfügen, denn die Soldaten folgen niemandem, der verängstigt auftritt. Diese Leader müssen darauf vorbereitet sein zu handeln, wenn anderen die Knie schlottern und sie Angst haben, zu versagen. Sie müssen das Motto verinnerlichen: *Wer wagt, der gewinnt.* Aber kein Leader sollte Kühnheit und Mut mit Unüberlegtheit und Leichtsinn verwechseln. Erstere sind gut, letztere werden mit Sicherheit zum Versagen führen.

Es ist einfach:

1. Suchen Sie nach Gelegenheiten, um Risiken einzugehen. Kein hervorragender Leader war je zögerlich oder hat weiche Knie bekommen.
2. Minimieren Sie das Risiko durch ausgiebige Planung und Vorbereitung.
3. Lernen Sie aus Ihren Fehlern und seien Sie darauf vorbereitet, das nächste große Risiko einzugehen. Lassen Sie sich nicht durch einen einzelnen Fehlschlag definieren.

KAPITEL 9

Hoffnung ist keine Strategie

Sich ein Ziel zu setzen,
ist nicht die Hauptsache.
Die Hauptsache ist,
eine Entscheidung zu
treffen, wie man es
erreichen will, und bei
diesem Plan zu bleiben.

– Tom Landry, Trainer

Der große Videobildschirm lehnte schief an der Wand, man hatte ihn noch nicht mit Schrauben am Beton fixiert. Auf dem Bildschirm sah man im Splitscreen mehrere hochrangige Offiziere aus den Terrorabwehrbehörden in Washington. Mit mir im Raum war mein Chef, General Stan McChrystal, der Leiter der Special Operations Unit. Es war Februar 2004, und McChrystal und ich waren nach Doha in Katar gekommen, um per Videokonferenz mit unseren Kollegen aus verschiedenen Behörden zu sprechen.

McChrystal blickte mit entschlossener Miene auf den Bildschirm und sagte: »Wir planen, ein Netzwerk aus Special Operations und Geheimdienstmitarbeitern über den ganzen Erdball verteilt aufzubauen, um ein Gegengewicht für das Netzwerk zu bieten, das von al-Qaida aufgebaut wurde.«

Er schwieg einen Moment.

»Wir brauchen ein Netzwerk, um ein Netzwerk zu besiegen«, betonte McChrystal mit mehr Nachdruck.

»Das ist ein enormes Vorhaben«, lautete eine der Reaktionen.

»Ich weiß nicht, ob wir unsere Abteilung dazu bringen können, dem zuzustimmen«, sagte jemand anderes.

»Woher sollen wir all diese Leute bekommen?«, fragte der Vertreter des Pentagons.

»Ich weiß nicht, Stan«, sagte ein anderer Mann und schüttelte den Kopf.

McChrystal sammelte seine Gedanken.

»Nun, wir haben nicht nur vor, ein weltumspannendes Netzwerk aufzubauen, sondern Sie alle müssen uns Ihre besten Leute zur Verfügung stellen, damit wir eine Taskforce zusammenstellen können, die mehrere Behörden verbindet.«

Ich sah schweigend zu, wie mehrere Menschen auf dem Bildschirm die Augen verdrehten und sich am Kopf kratzten.

»Sehen Sie, Stan, ich weiß zu schätzen, was Sie da versuchen. Das ist eine tolle Vision«, sagte einer der Männer, der eine hochrangige Position bekleidete, »aber ich bin mir nicht sicher, ob Sie das auf die Beine stellen können.«

Die anderen Teilnehmer der Videokonferenz nickten zustimmend.

»Nun, wir stehen alle hinter Ihnen«, sagte der hochrangige Beamte, ohne allzu überzeugt zu klingen. »Und wir hoffen das Beste für Sie.«

Wir *hoffen* das Beste. Wir *hoffen* das Beste.

Als der Bildschirm erlosch, stand McChrystal auf, nahm einen abwischbaren Marker, ging an ein Whiteboard, und gemeinsam entwarfen wir einen Plan. *Hoffnung* sollte kein Teil unserer Strategie sein.

Es wird darüber debattiert, woher der Spruch, *Hoffnung ist keine Strategie*, wirklich stammt. Ich hörte ihn 1985 das erste Mal, als ich ein junger SEAL-Lieutenant war. Ich beging den Fehler, meinem Chef zu sagen, dass ich nach all der Planung und Ausbildung hoffte, die Mission würde gut laufen. Er blaffte mich an und sagte, wenn Hoffnung meine Strategie sei, würde die Mission vermutlich scheitern. Er schickte mich erneut in den Planungsraum, um sicherzugehen, dass ich *alle* Risikofaktoren berücksichtigt hatte. Einige haben dieses Zitat Vince Lombardi zugeschrieben. Dieser Trainer war der Prototyp des Zuchtmeisters, der nichts dem Zufall überließ, als er seine Spielstrategie für die Green Bay Packers entwickelte. 2001 kam ein Bestseller von Rick Page heraus, der den Titel trug: *Hope Is Not a Strategy: The 6 Keys to Winning the Complex Sale*. Es war ein Businessbuch, aber die Botschaft für jeden Leader mit einer Vision war dieselbe: Man muss harte Arbeit leisten, um eine Vision in einen Plan umzuwandeln. Ein Plan, der Meilensteine und Messgrößen sowie Resultate auflistete. Für McChrystal war Hoffnung wichtig für unseren Erfolg, weil dadurch die Soldaten motiviert wurden, aber Hoffnung ohne angemessene Planung war nur Tagträumerei.

In den nächsten paar Tagen stellte McChrystal mithilfe seines Stabs das Rahmenwerk für ein Netzwerk zusammen. Wir wussten, von wo aus al-Qaida operierte. Wir kannten ihre logistischen Knotenpunkte, ihre Reiserouten, ihre Finanzumschlagplätze; wir wussten, wo sie rekrutierten; nun mussten wir eine Person in jeder Behörde, jeder Botschaft, in jedem Militärapparat, der mit uns alliiert war, und an jedem Knotenpunkt haben, wo die Terrororganisation präsent war. Die Informationen sollten gesammelt und unserer Joint Interagency Task Force (JIATF) zur Verfügung gestellt werden, ein Verbund der besten und intelligentesten Mitglieder der Abteilungen für Special Operations, Spezialisten des Geheimdienstes und Mitarbeiter der Exekutivorgane, die wir finden konnten.

In den folgenden fünf Jahren baute Stan McChrystal eine der effektivsten Organisationen in der Geschichte der Kriegsführung auf. Das Special Operations Network, das Stan McChrystal gemeinsam mit Offizieren und NCOs schuf, hat jede bedeutende Institution der US-Regierung durchdrungen und ebenso die unserer Alliierten im Kampf gegen den Terror. Es ist keine Übertreibung, zu sagen, dass McChrystals Truppe die Leben von Tausenden Amerikanern und unserer Freunde gerettet hat. Pläne von Terroristen und Piraten wurden vereitelt, Diktatoren abgesetzt und Verbrecher hinter Gitter gebracht, alles, weil Stan McChrystal und sein Team sich nicht auf Hoffnung als Strategie verlassen haben.

Es scheint offensichtlich, dass ein Leader eine Vision haben, eine Strategie entwickeln und einen Plan umsetzen muss, um diese Vision Realität werden zu lassen. Das Konzept ist einfach, aber die Umsetzung ist extrem schwierig. Das liegt daran, dass ein Leader dieser Aufgabe seine ganze Aufmerksamkeit widmen muss, und jede Führungskraft täglich hundert Dinge zu beachten hat, die diese Aufmerksamkeit zerstreuen. Während meiner Zeit als Befehlshaber habe ich festgestellt, dass ein Leader nur zwei bis drei bedeutende Aufgaben während seiner Amtszeit erledigen kann. Wenn Sie Ihre Aufmerksamkeit auf zu vieles verteilen, wird nie etwas Großes geleistet werden, denn nur Sie können dafür sorgen, dass Ihre Mitarbeiter sich auf die großen Aufgaben konzentrieren. Nur Sie, der Leader, können sicherstellen, dass die Arbeitskraft, die Ressourcen, die Finanzen und die Energie vorhanden sind, um die bedeutenden Baustellen anzugehen.

Unterschätzen Sie niemals die Macht der Hoffnung. Hoffnung ist inspirierend, ermutigend und stärkend. Ohne Hoffnung wird man kein lohnendes Ziel erreichen. Aber Hoffnung allein ist nur Wunschdenken. Paaren Sie Hoffnung mit einer soliden Strategie, einem detaillierten Plan und einer Menge harter Arbeit, und Sie können alles erreichen.

Es ist einfach:

1. Sie müssen über eine Vision verfügen, die besagt, *was* Sie tun werden. Sorgen Sie dafür, dass diese Vision kühn und inspirierend ist.
2. Sie müssen eine Strategie haben, die schildert, *wie* Sie etwas tun werden. Diese sollte eindeutig und prägnant sein.
3. Sie müssen einen Plan haben, der zeigt, wer verantwortlich ist und wie der Plan umgesetzt werden soll. Das muss alles miteinander verbunden sein.

KAPITEL 10

Kein Plan überlebt
den ersten Feindkontakt

Nur weil man
einen guten Plan hat,
heißt das nicht,
dass es auch so laufen wird.

– Taylor Swift

Dr. Russ Stolfi ging vor der Leinwand, die sich wie eine Jalousie nach unten ziehen ließ, hin und her und blieb nur gelegentlich stehen, um die Overheadfolie auf dem Projektor auszutauschen. Stolfi war Anfang 60, groß, glattrasiert, mit Geheimratsecken und einer Vorliebe für Militärkleidung, die an Exzentrik grenzte. Er war Experte für europäische Kriege und lehrte Militärgeschichte an der Naval Postgraduate School in Monterey, Kalifornien.

Er trug einen Anzug mit Camouflage-Muster und hielt den Kursteilnehmern, die alle Militäroffiziere waren, einen Vortrag über sein Lieblingsthema: den Preußengeneral Helmuth von Moltke, genannt Moltke der Ältere. Stolfi erklärte mit lauter Stimme, dass man ihn nicht mit Moltkes Neffen, Helmuth von Moltke dem Jüngeren verwechseln durfte. Moltke der Ältere war über 30 Jahre lang Chef des preußischen Generalstabs. Weithin als einer der brillantesten Militärstrategen der Geschichte betrachtet, hat Moltke das preußische Militär wiederbelebt und modernisiert. Moltke ließ sich von den Ideen des ebenfalls preußischen Generals Carl von Clausewitz leiten und betonte, wie wichtig es sei, dass eine große Armee beweglich sei, um den Feind zu vernichten. Von ebenso großer Bedeutung war seine Erkenntnis, dass eine moderne Armee, wenn sie erfolgreich sein will, einen Teil der Kontrolle von den Generälen abziehen und deren Untergebene mit mehr Autorität und Entscheidungsgewalt ausstatten musste. Ich war gerade von der Operation Desert Storm zurückgekommen und fand die Diskussion über preußische Militärstrategie sowohl faszinierend als auch in den 1990er-Jahren immer noch relevant.

Stolfi schaltete die Beleuchtung ein und machte den Overheadprojektor aus.

»Nun, Commander McRaven«, sagte er etwas theatralisch, »was ist die wichtigste Lektion, die Sie heute gelernt haben?«

Ich ließ mir kurz die Stichpunkte durch den Kopf gehen, die Stolfi mit einem Folienstift auf die Overheadfolie geschrieben hatte. Es war eine Auflistung der Grundlagen der Militärstrategie und -taktik: »Krieg ist eine Fortsetzung der Politik mit anderen Mitteln; ewig währender Frieden ist ein Traum; um den Frieden zu sichern, muss man sich auf den Krieg vorbereiten; das Schicksal jeder Nation wird dadurch bestimmt, über wie viel Macht sie verfügt.« Ich musste nur einen Punkt auswählen.

»Krieg ist eine Fortsetzung der Politik«, fing ich an.

»Aber bitte, Commander«, sagte Stolfi und tippte mit seinem hölzernen Zeigestab auf meinen Tisch.

»Was müssen Sie als Offizier wissen? Was ist das Wichtigste, an das Sie denken müssen, wenn Sie einen Plan entwickeln? Was sind die fundamentalsten Aspekte von Kriegsstrategie, Einsätzen oder Taktiken?«

Stolfi griff nach seiner letzten Overheadfolie, schaltete das Licht aus und bevor ich eine Antwort geben konnte, las er das Zitat von Moltke dem Älteren vor.

Es lautete: »*Kein Operationsplan reicht mit einiger Sicherheit über das erste Zusammentreffen mit der feindlichen Hauptmacht hinaus.*«

»Mit anderen Worten«, sagte Stolfi, »man sollte immer einen Plan B haben. Einen Kontingenzplan. Einen Reserveplan. Denn sobald man auf den Feind trifft, überlebt kein Plan diesen ersten Kontakt.«

Im Verlauf der nächsten zwei Jahre schrieb ich meine Doktorarbeit mit Dr. Russel Stolfi als meinem Fakultätsberater. Der Titel lautete: *Die Theorie von Spezialeinsätzen*. Als ich über die zehn berühmtesten Missionen in der Geschichte der Spezialeinsätze recherchierte, wurde mir klar, dass Moltkes alter Grundsatz sich in all der Zeit stets bewährt hatte. Das sollte ich so schnell nicht mehr vergessen.

Wir hatten noch zwei Minuten. Auf dem Videobildschirm über mir konnte ich die beiden Black Hawk Helikopter sehen, die über die Landschaft Pakistans hinwegdonnerten, die Seitentüren geöffnet und die Navy SEALs bereit, sich blitzschnell über dem Grundstück in Abbottabad abzuseilen, auf dem der meistgesuchte Mann der Welt lebte, der Anführer von al-Qaida – Osama bin Laden.

In meinem Kommandozentrum in Afghanistan sah ich gebannt zu, wie der erste Helikopter die sechs Meter hohe Betonmauer überflog und knapp neben dem dreistöckigen Gebäude, in dem Bin Laden wohnte, in den Schwebeflug ging. Der Pilot war bereit, das Seil herabzulassen, an dem sich die Männer abseilen sollten, als der Helikopter ins Schlingern geriet. Die Nase hob sich und das Heck schwang beängstigend von links nach rechts. Über Funk hörte ich, wie der Pilot darum kämpfte, die Kontrolle zurückzugewinnen. Da stimmte etwas nicht. Nur Sekunden später machte der Helikopter einen heftigen Satz vorwärts, das Heck schwang wild nach links und die Maschine mitsamt den Männern darin krachte im äußeren Hof, ein Stück von der geplanten Landestelle entfernt, zu Boden.

Der Pilot des zweiten Helikopters hatte den Absturz des ersten gesehen und schnell nach rechts abgedreht, um die SEALs außerhalb des Geländes abzusetzen. Unser gesamter ursprünglicher Plan war den Bach runtergegangen. Jetzt waren die SEALs aus dem ersten Helikopter von den anderen getrennt in einem anderen Bereich des

Geländes und konnten ihre Ziele nicht schnell genug erreichen. Die SEALs aus dem zweiten Helikopter, die eigentlich auf dem Dach des dreistöckigen Gebäudes hätten landen sollen, waren außerhalb des Grundstücks und mussten sich erst durch mehrere Stahltüren sprengen, um hineinzukommen. Der Präsident und sein Stab, die vom Weißen Haus aus zusahen, hielten kollektiv den Atem an. In diesem Moment schien der Erfolg der Operation am seidenen Faden zu hängen. Aber so verzweifelt die Situation wirken mochte, ich wusste, wir hatten einen Plan, um die Mission wieder in die Spur zu kriegen.

Drei Wochen vor der Operation »Neptuns Speer« – die Mission, Osama bin Laden zu erwischen – waren die SEALs und diejenigen, die den Helikoptereinsatz planten, jeden Eventualfall durchgegangen, damit rechnend, dass etwas schiefgehen könnte. Nicht nur hatten die Planer einkalkuliert, an einer anderen Stelle auf das Gelände vorzudringen, sie hatten auch berücksichtigt, dass wir möglicherweise einen Ersatzhelikopter brauchen, falls der erste abstürzen sollte.

Da es also einen Plan gab, passten sich die SEALs schnell an und bahnten sich den Weg auf das Gelände. In wenigen Minuten hatten sie den zweiten Stock erreicht und Bin Laden getötet. Gleichzeitig hatte der Commander, der den Lufteinsatz befehligte, den Ersatzhelikopter in Position gebracht, gerade rechtzeitig, um die SEALs herauszuholen und den beschädigten Black Hawk zu sprengen. Zwei Stunden später waren alle Männer wieder sicher zurück in Afghanistan. Plan A war gescheitert, aber Plan B und Plan C waren perfekt umgesetzt worden.

Der militärische Entscheidungsfindungsprozess (Military Decision-Making Process, MDMP) ist das grundlegende Werkzeug, das Offiziere und Soldaten nutzen, wenn sie einen Plan für eine Militäroperation entwerfen. Es handelt sich um einen siebenstufigen Prozess, der aus folgenden Schritten besteht: Erhalt der Mission, Missionsanalyse, Entwicklung eines Course of Action (COA), COA-Vergleichs, Freigabe eines bestimmten COA und Festlegung sowie Ausgabe von Befehlen. Bei diesem Prozess gibt es eine Menge Variationen. Die Marines nutzen den Rapid Response Planning Process (R2P2), die Air Force und andere das Joint Planning System. Und natürlich haben verschiedenste Unternehmen variierende Stresstests, um herauszufinden, wie gut sie auf Finanzkrisen vorbereitet sind; wie der Monte-Carlo-Test, der Dodd-Frank Act Stress Test (DFAST) oder die Comprehensive Capital Analysis and Review (CCAR). Aber all diese Tests erfordern, dass der Planende den Plan überprüft, Optionen entwickelt, diese Optionen vor dem Hintergrund eines Worst-Case-Szenarios prüft und sicherstellt, dass Personal, Ausbildungsniveau und Equipment geeignet sind, um diese Optionen zu realisieren. Auch wenn es nicht unbedingt ein direkter Teil des Planungsprozesses ist, wird allgemein akzeptiert, dass man die Optionen einüben muss, um die potenziellen Bereiche zu ermitteln, in denen das größte Risiko vorherrscht – um dann den Plan zu verfeinern und das Risiko so weit wie möglich zu reduzieren.

Das Problem beim MDMP, Monte-Carlo-Test oder DFAST ist, dass sie viel Zeit und Personal erfordern. Darüber hinaus kann ein falsches Sicherheitsgefühl entstehen, wenn man mit den falschen Voraussetzungen beginnt und glaubt, man habe alle Risiken einkalkuliert. Aber abgesehen davon sollte man den Aufwand betreiben, wenn die Mission oder das Problem, mit dem man sich als Unternehmen konfrontiert sieht, wirklich wichtig ist.

Nach der Havarie der *Exxon Valdez* und den katastrophalen Folgen 1989 berichtete das National Transportation Safety Board, dass die Kontingenzplanung von Alyeska Pipeline, Exxon und Beamten der Bundesbehörden sowie Behörden des Bundesstaats ungenügend gewesen sei. Sie kamen zu dem Schluss, dass viele Beobachter sich »auf die geringe Wahrscheinlichkeit [des Ereignisses] konzentrieren und sich selbst in der Sicherheit wiegen, dass ein Ereignis mit gewaltigen Konsequenzen niemals eintreten wird und die ungeprüften Reaktionspläne ausreichend sein werden, falls es doch eintritt.« Dieser Ansatz beim Plan B erweist sich oft als fataler Fehler.

Als Leader müssen Sie stets sicherstellen, dass Ihr Unternehmen alle Anstrengungen unternommen hat, um für ein Worst-Case-Szenario zu planen, selbst wenn es sehr unwahrscheinlich zu sein scheint. Moltke der Ältere hatte recht: Kein Plan überlebt den ersten Feindkontakt. Seien Sie stets bereit.

Es ist einfach:

1. Ziehen Sie immer den schlimmsten Fall in Betracht und planen Sie entsprechend.
2. Testen Sie den Plan, um sicherzustellen, dass jeder im Unternehmen weiß, wie er reagieren muss, falls etwas schiefgeht.
3. Seien Sie vorbereitet. Murphy war ein Optimist.

KAPITEL 11

Es macht sich bezahlt,
ein Gewinner zu sein

Man stellt sich jeden Tag
dem Wettbewerb, denn
man setzt sich selbst so
hohe Standards, dass man
jeden Tag losziehen und
ihnen gerecht werden muss.

– Michael Jordan

Ich hatte zu kämpfen. Die Sonne Kaliforniens brannte auf mich herab, der Sommerwind wehte mir als steife Brise vom Meer entgegen, der Sand am Strand war weich und jeder Schritt in meinen Dschungelstiefeln erforderte mehr Anstrengung, als ich aufbringen konnte. Um alles noch schlimmer zu machen, hatte ich am Tag zuvor zwei Extrastunden Calisthenics-Übungen über mich ergehen lassen müssen, weil es unsere SEAL-Ausbilder so wollten. Das Extratraining – Circus genannt - forderte seinen Tribut.

»Kommen Sie schon, Mr. Mac! Sie sind Offizier!«, schrie der Chief. »Sie sollten nicht hinter allen herlaufen. Machen Sie schneller!«

Der Ausbilder, der ein blau-goldenes T-Shirt trug, kakifarbene kurze Hosen und grüne Dschungelstiefel, schien mühelos über den Sand zu schweben, kein Tröpfchen Schweiß verunzierte seine Stirn. Ich fragte mich, wie das möglich war.

Vor mir war eine lange Reihe SEAL-Anwärter, die sich über etwa hundert Meter verteilt hatten. Vor wenigen Minuten waren wir am Wendepunkt unseres vier Meilen langen Strandlaufs angekommen, und alle steigerten das Tempo für den Endspurt. Alle außer mir. Ich war die lahme Ente. Der Letzte, den die Hunde beißen, und ich konnte selbst diese Position kaum halten!

Der Ausbilder, ein hochdekorierter Vietnam-SEAL, der den schlanken Körper eines Marathonläufers hatte, rannte neben mir her und flüsterte mir ins Ohr.

»Sie können mehr leisten, Mr. Mac. Das weiß ich.«

Er hatte recht. Ich war auf der Highschool und auf dem College Langstreckenläufer und einer der besten Athleten der Klasse gewesen.

Aber nun war ich erschöpft von mehreren Tagen harten Trainings. Meine Akkus waren leer. An diesem Punkt konnte mich nichts mehr dazu motivieren, schneller zu laufen. Und dann sagte er Folgendes.

»Denken Sie daran, Mr. Mac. Es macht sich bezahlt, ein Gewinner zu sein!«

Es macht sich bezahlt, ein Gewinner zu sein. Es macht sich bezahlt, ein Gewinner zu sein. Der Spruch wurde von jedem Ausbilder bei den SEALs zitiert. Die Erwartung war, dass SEALs Gewinner sind. Und man konnte nur dann Gewinner sein, wenn man die Latte hochlegte. Wenn man einen hohen Fitnessstandard hatte, einen hohen Standard an Professionalität, einen hohen Verhaltensstandard. Gewinner arbeiten hart. Gewinner bringen Opfer. Gewinner geben nie auf. Wenn Sie ein SEAL sein wollen, müssen Sie ein Gewinner sein – deswegen hatten wir uns alle freiwillig gemeldet, diese Ausbildung zu durchlaufen. Wir wollten Gewinner sein.

Auch wenn dieser Spruch dazu gedacht war, uns zu motivieren, beinhaltete er eine Drohung, dass ein Preis zu bezahlen war, wenn man den Standard nicht erfüllte. Bei den Strandläufen war dieser Preis das »Goon Squad«. Jeder, der die Ziellinie nicht in der vorgeschriebenen Zeit überquerte, der nicht den hohen Standard für körperliche Fitness erfüllte, musste sofort antreten und einen weiteren Lauf absolvieren – eine Meile. Wenn sie bei diesem Lauf versagten, bekamen die Anwärter einen weiteren Lauf von einer Meile aufgebrummt. Und ein Versagen bei dieser Veranstaltung würde zu weiteren zwei Stunden harten Trainings – dem sogenannten »Circus« – am Ende des Tages führen.

Ich bewegte die Arme schneller auf und ab. Meine Beine legten etwas Tempo zu. Ich biss die Zähne zusammen und legte los. Einen nach dem anderen überholte ich meine Mitanwärter. In der Ferne sah ich den Führenden, Leutnant zur See, Fred Artho. Artho war ein

Wunder der Natur. Er war der fitteste Mann im Jahrgang und hatte kein Schmerzempfinden. Er konnte ununterbrochen rennen und lächelte dabei.

Der Ausbilder passte sein Tempo meinem an.

»Schneller, schneller«, rief er.

Wir waren beim Coronado-Anlegesteg. Nur noch eine Meile. Aus dem Augenwinkel sah ich das blau-goldene T-Shirt des Ausbilders. Mittlerweile schwitzte er, aber lächelte, weil ich mich so anstrengte.

Die Coronado Shores, ein aus vier Gebäuden bestehender Wohnkomplex, der parallel zum Strand errichtet war, zog an mir vorbei. Nur noch 400 Meter.

»Zähne zusammenbeißen, Zähne zusammenbeißen, Zähne zusammenbeißen«, schrie ich mich selbst an.

»Jetzt!«, schrie der Ausbilder. »Durchhalten, durchhalten!«

Meine Lunge brannte, die Beine waren taub vom Adrenalin und meine Augen mit Sand und Schweiß verkrustet.

Noch drei Läufer vor mir. Nur drei.

Mit einer letzten Anstrengung trieb ich mich selbst so stark an, wie ich konnte, und spurtete auf die Ziellinie zu.

Ich stürzte in den Sand und beendete das Rennen als Dritter.

»Nicht schlecht, Mr. Mac. Nicht schlecht.« Der Ausbilder grinste und schnaufte, um zu Atem zu kommen.

Als ich meine SEAL-Ausbildung abschloss und ein Teil der Teams wurde, verschwand der Spruch, *Es macht sich bezahlt, ein Gewinner zu sein*, langsam aus dem Vokabular der jüngeren SEALs. Nur wir Älteren erinnerten uns noch an die Ausbilder, die uns diesen Spruch konstant vorgebetet hatten. Aber was nicht verschwand, war die Bedeutung hoher Standards und die Erwartung, dass man hohe Standards hatte, wenn man zu den Besten gehörte.

Im Juli 1990 war ich Task Unit Commander für eine Abteilung der SEALs, die im Westpazifik im Einsatz war. Als Teil dieser Task Unit standen uns zwei SEAFOX Highspeed-Boote zur Verfügung, eine Kommunikationseinheit und ein Platoon von SEALs. Nachdem wir 30 Tage den Pazifik überquert hatten, landete die amphibische Einsatzgruppe, zu der wir gehörten, in der Subic-Bucht auf den Philippinen. Nur Stunden nach dem Anlegen erhielten die 2000 Marines und 21 SEALs Landgang. Am nächsten Morgen bekam ich Wind davon, dass einer meiner SEALs in eine Kneipenschlägerei verwickelt worden war, die übel ausging. Und anscheinend waren in derselben Nacht 22 Marines in Schwierigkeiten geraten.

Um 8:00 Uhr hörte ich, dass mein Name über das Kommunikationssystem des Schiffes ausgerufen wurde.

»Commander McRaven auf der Brücke melden.«

Das war kein gutes Zeichen. Ich wusste, dass der Commodore, mein Chef, bereits auf mich wartete, um mich in die Mangel zu nehmen.

Als ich mich vom Bereich mit den Mannschaftsschlafräumen auf den Weg machte und die Leiter drei Stockwerke hinauf zur Brücke erklomm, bereitete ich mich bereits darauf vor, mich zu verteidigen. Ja, mein SEAL war in Schwierigkeiten geraten, aber wie war das im Vergleich zu den 22 Marines, die sich genauso schlecht benommen hatten?

Ich betrat die Brücke, und Mike Coumatos, der Commodore, saß auf dem Kapitänsstuhl. Ich näherte mich dem Stuhl und nahm Haltung an.

»Sir, Sie haben mich gerufen.«

Coumatos erhob sich von dem Stuhl und ich sah den Ärger, der ihm ins Gesicht geschrieben stand. Er war in Vietnam Helikopterpilot gewesen, ein brillanter Taktiker, und ich hatte in den letzten eineinhalb Jahren tiefen Respekt für ihn entwickelt, während er die amphibische Einsatzgruppe geleitet hatte. Bis heute sehe ich Mike Coumatos als einen der besten Leader, unter denen ich je gedient habe.

Er war nur 1,65 Meter groß und baute sich mit wütendem Blick direkt vor mir auf, nur Zentimeter von meinem Gesicht entfernt.

»Einer Ihrer SEALs ist in eine Kneipenschlägerei geraten und hat ein paar Marines zusammengeschlagen. Das ist absolut inakzeptabel!«

»Ja, Sir, da stimme ich Ihnen völlig zu«, begann ich. Dann machte ich einen verheerenden Fehler.

»Aber, Sir, ich würde auch gerne anmerken, dass letzte Nacht 22 Marines in Schwierigkeiten geraten sind.«

Bevor ich weiterreden konnte, rückte Coumatos noch ein Stückchen näher, wir standen uns nun so nahe gegenüber, dass sich unsere Schuhe fast berührten. Sein Gesicht war puterrot vor Wut.

»Das sind junge Marines, Bill«, sagte er. »Bei denen rechne ich damit, dass sie in Schwierigkeiten geraten.«

Und dann wurde ich daran erinnert, warum ich ein Navy SEAL war.

»Aber an Sie und Ihre SEALs lege ich einen höheren Standard an. Und ich erwarte, dass Sie als deren Anführer dasselbe tun. Haben wir uns da verstanden?«

An Sie und Ihre SEALs lege ich einen höheren Standard an. Diese Worte hallten mir meine ganze weitere Karriere durch den Kopf. Auch wenn wir als SEALs gelegentlich nicht diesen hohen Standards entsprochen haben (und mit den schmerzhaften und peinlichen Folgen klarkommen mussten), haben wir nie aufgehört, die Latte höherzulegen und unser Bestes zu geben. Und ich habe stets gewusst, dass mein Job als Leader in dieser Gemeinschaft darin bestand, auf die Einhaltung der Verhaltensstandards und auf professionelles Verhalten zu achten. Das bedeutet, nicht nur die Standards festzulegen, sondern andere zur Verantwortung zu ziehen.

Was man dabei über diese hohen Standards lernt, ist vor allem, wie wichtig sie für jede Organisation sind. Niemand sieht sich um und sagt: »Wo ist dieses mittelmäßige Team? Genau davon will ich ein Teil sein – von einem mittelmäßigen Team.« Es ist mir egal, ob Sie Hamburger wenden, Autos waschen, Mannschaftssportler sind oder beim Militär. Jeder will Teil von etwas Besonderem sein. Jeder will ein geschätztes Mitglied einer großartigen Organisation oder eines tollen Unternehmens sein. Und die einzige Art, diese großartige Organisation zu erhalten, besteht im Setzen hoher Standards und der Erwartung, dass alle diesen Standards entsprechen.

Als Leader haben wir manchmal Mühe, weil wir den Männern und Frauen, die mit uns zusammen dienen, unzumutbare Erwartungen auferlegen. Wir erkennen schnell, welche Herausforderungen entstehen, wenn wir die Latte zu hoch legen. Aber, ich kann Ihnen sagen, die jungen Männer und Frauen, die für Sie arbeiten, verlangen nach dieser Herausforderung, sie wollen die Besten sein, sie wollen Gewinner sein und manchmal besteht der Preis dafür in harter Arbeit, hohen Standards und Verantwortung. Unterschätzen Sie nie den Wert eines hochgesteckten Ziels, einer Latte, die hochgelegt wurde, und die Herausforderung an die Angestellten, darüber hinwegzuspringen.

Es ist einfach:

1. Etablieren Sie eine Gewinnerkultur, indem Sie hohe Standards setzen. Ihre Angestellten wollen die Herausforderung.
2. Ziehen Sie Leute zur Verantwortung, wenn Sie den Standards nicht gerecht werden. Verantwortlichkeit ist das Einzige, was die High-Performer vom Fußvolk unterscheidet.
3. Schenken Sie den Personen Anerkennung, die dem Standard entsprechen oder ihn übertreffen. Das wird die Gewinnerkultur stärken.

KAPITEL 12

Ein Hirte sollte wie seine Schafe riechen

Von diesem Tag bis zum
Ende der Welt,
Doch an uns darin wird
man sich erinnern;
Wir wenigen, wir
Glücklichen wenigen,
Wir Schar von Brüdern;
Denn wer heute das Blut
mit mir vergießt,
soll mir ein Bruder sein.

– William Shakespeare, *Henry V.*

Mit einem langen, grünen Seesack über der Schulter und nur dem Leuchten eines kleinen roten Lichts als Orientierung tastete ich mich mit ausgestrecktem Arm und zusammengekniffenen Augen durch den Bereich mit den Mannschaftskajüten. Es war kurz vor Mitternacht und der Navy-Leutnant, der mich auf der Hickam Air Force Base in Hawaii abgeholt hatte, sagte mir, dass die Crew auf der USS *Ouelett* um 6:30 Uhr am nächsten Morgen antreten musste.

Es war der Juni 1974 und ich war Seekadett dritter Klasse und zu einem siebenwöchigen Sommereinsatz in Pearl Harbor, Hawaii, unterwegs. Als junger Seekadett würde ich mir den Schlafbereich mit den einfachen Seeleuten teilen, mit ihnen essen und arbeiten. Die nächsten sieben Wochen war ich ein einfaches Mannschaftsmitglied, das alles von den Seeleuten auf dem Schiff lernen sollte. Diese Erfahrung sollte meinen Leadership-Ansatz für immer verändern.

Ich zog die Schuhe aus und kletterte in meine Koje, die oberste eines Stockbetts aus drei Kojen. Vorsichtig stellte ich den Fuß auf den Metallrand des ersten Bettes und zog mich hoch. Ich packte die Nylon-Bänder des obersten Bettes und wollte mich hochziehen, als ich mit dem Fuß abrutschte und instinktiv nach einem anderen Halt suchte. Ich merkte sofort, dass ich auf jemanden getreten war. Ein tiefes Brummen erscholl vom Bett unter meinem und es rollte sich einer der gewaltigsten Männer heraus, den ich in meinen 19 Lebensjahren gesehen hatte.

»Was zur Hölle, Junge! Was soll der Mist!«, brüllte er.

Ich hing an der Seite des Stockbetts und ein gewaltiger samoanischer Gigant mit Armen so dick wie Oberschenkel und wutverzerrtem Gesicht schob sich in mein Gesichtsfeld. Die rote Nachtbeleuchtung des Schlafbereichs spiegelte sich in seinen Augen.

»Hey, Mann, tut mir wirklich leid«, sagte ich und versuchte, vom Stockbett hinabzusteigen.

»Haltet verdammt noch mal die Schnauze! Ich versuche, hier zu schlafen!«, schrie jemand von einer Koje in einiger Entfernung.

Der Samoaner wischte sich mit der Hand über das erzürnte Antlitz, packte mich am Hemdkragen und zog mich nahe heran.

»Wer zur Hölle bist du, Kumpel?«, rief er, ohne Rücksicht auf die anderen schlafenden Seemänner.

»Seid mal ruhig!«, meldete sich noch jemand zu Wort.

»Bill McRaven – Seekadett – bin erst vor einer Stunde an Bord gekommen. Ich sollte die oberste Koje nehmen und es tut mir wirklich leid, dass ich dir aufs Gesicht getreten bin.« Ich versuchte, alles in einen langen Satz zu pressen, falls es mein letzter gewesen sein sollte.

Der gewaltige Samoaner drehte mich auf die eine Seite, sah mich einen Moment an, und drehte mich dann auf die andere Seite.

»Weißt du, Kumpel, dieses Gesicht ist das einzige, das ich habe. Es ist hübsch und ich habe was dagegen, wenn es jemand verunstaltet. Die Ladys mögen es so.«

»Ja, ja, darauf wette ich.«

Er ließ mein Hemd los und schnappte sich meinen Seesack.

»Ist das deiner?«, fragte er.

»Ja.«

»Na los, Kumpel, wir verstauen ihn für heute Nacht im Spind des Bootsmanns und du kannst ihn morgen holen.«

Nachdem wir meinen Seesack verstaut hatten, stieg ich voll angekleidet in meine Koje, und er wartete, bis ich aus dem Weg war.

»Übrigens, Kumpel, mein Name ist Ricky. Willkommen in der Navy. Jetzt nimm eine Mütze Schlaf, Kumpel. Die Quartiermeister stehen früh auf der Matte.«

In den nächsten sieben Wochen nahm mich Ricky unter seine Fittiche und brachte mir alles bei, was er über das Leben als Seemann wusste. Es waren alltägliche Dinge – wie die Tatsache, dass man die Kontrolle verliert, wenn man die Bodenpoliermaschine zu stark festhält. Oder dass man seine Uniform am besten bügelt, indem man sie nachts unter die Matratze legt. Oder dass man mit einer guten Zahnbürste und Backnatron die Flecken von einem Urinal entfernen kann. Und natürlich erfuhr ich, wo jede gute Bar, jede Spielhölle und jeder Pfandleiher auf Honolulu war. Ricky war besonders gut beim Würfeln.

Diese Tipps und Tricks zu kennen, war eine gute Grundlage, um Beziehungen zu den anderen Seeleuten aufzubauen, aber ich lernte auch einige wirklich wichtige Lektionen. Ich lernte, dass jeder Seemann seine eigene Geschichte hatte. Eine Geschichte darüber, wieso er sich der Navy angeschlossen hatte. Eine Geschichte über seine Familie. Eine Geschichte über seine Heimatstadt. Und vor allem eine Geschichte über seine Auslandseinsätze: Der Sturm, der das Boot fast zum Kentern brachte; seine Nahtoderfahrung während eines Seeversorgungsmanövers; die wunderschöne polynesische Prinzessin, die er beinahe geheiratet hätte; das Kartenspiel, bei dem er den gesamten Pot gewonnen hat; wie das Drachen-Tattoo auf seinem Hintern gelandet ist; die Zeremonie bei der Überquerung des Äquators; und die unglaublichen Sonnenuntergänge auf See. Nicht nur hatte jeder Seemann eine Geschichte, sie wollten auch alle diese Geschichte erzählen und sie wollten alle, dass man ihnen zuhörte. Man kann eine Menge lernen, wenn man den Menschen zuhört, mit denen man zusammenarbeitet.

Ich habe auch gelernt, dass Seeleute wie Ricky ein Teil von etwas Besonderem sein wollten. Sie waren stolz auf ihr Schiff und sie beschwerten sich zwar ständig über die Verpflegung, die langen Schichten, die Offiziere und die anderen Seeleute, aber sie verteidigten den Ruf ihres Schiffes gegenüber jedem, der nicht zur Crew gehörte.

Ich wusste, dass ich eines Tages die Streifen des Leutnants zur See tragen würde, und Ricky und seine Kollegen stellten sicher, dass ich auch verstand, was sie von ihren Offizieren erwarteten.

»Dieser Typ«, sagte Ricky und meinte einen jungen Leutnant, »taucht jeden Tag auf und verbringt eine Stunde mit mir im Kesselraum. Das ist ein guter Offizier, Kumpel! Der Executive Officer ist ein harter Hund, wenn es sein muss, aber er lässt auch mal die Zügel schleifen, wenn es geht. Auch ein feiner Kerl. Der Kommandant ist zwar taff, aber er stellt immer sicher, dass wir den besten Anlegeplatz am Pier kriegen.«

Die Offiziere, die sie am meisten respektierten, waren diejenigen, die im Heizraum auftauchten, wenn dort 50 Grad herrschten, die sich auch mal die Finger schmutzig machten, einen Schraubenschlüssel benutzten, die einen Besen in die Hand nahmen und beim Schiffreinemachen halfen, die Wasser brachten, wenn jemand den Schiffsrumpf streichen musste, und die sich für die harte Arbeit bedankten. Aber sie wollten auch Offiziere, die harte Entscheidungen trafen, die Verantwortlichkeit einforderten, und vor allem wollten sie Offiziere, die ihnen Wertschätzung für die harte Arbeit entgegenbrachten, die sie leisteten. Und zu guter Letzt wollten sie Offiziere, auf die sie stolz sein konnten – selbst, wenn sie es nicht öffentlich sagen würden. Sie wollten jemanden, der schlau war, athletisch, in Uniform gut aussah und sie beim Landgang nicht blamierte, indem er sich betrank oder aufführte wie ein Rowdy.

Drei Jahre später wurde ich zum Leutnant zur See der Navy ernannt und machte mich auf zum Basic Underwater Demolition/SEAL Training (BUD/S). Die Lektionen, die ich in meiner Zeit mit Ricky gelernt hatte, behielt ich stets vor Augen – mit anderen geteiltes Leid, geteilte Gefahr, geteilte Kameraderie; höre dir die Geschichten an und du wirst etwas über deine Seeleute erfahren und herausfinden, was sie von dir erwarten.

Die SEAL-Ausbildung war anders als jeder andere Kurs beim Militär. Die Offiziere und die Mannschaften absolvierten genau dasselbe Training – die gleichen Dauerläufe auf weichem Sand, das gleiche Schwimmtraining im offenen Meer, die gleichen Hinderniskurse, die gleichen Schikanen, die gleichen Tage, an denen man friert, nass ist und sich elend fühlt. Die gleiche Höllenwoche. Diese Härten mit den niedrigeren Rängen zu teilen, gab den Offizieren ein Verständnis dafür, was die Männer motivierte, und es gab den Männern einen gewissen Respekt für ihre Offiziere, denn dadurch war ein Zusammengehörigkeitsgefühl entstanden.

Im Verlauf der folgenden 37 Jahre versuchte ich, so viel Zeit wie möglich im Einsatz mit meinen SEALs zu verbringen. Während ich durch die Ränge aufstieg, wurde das eine immer schwerere Aufgabe und manchmal versuchte ich mich selbst zu überzeugen, dass die Arbeit im Büro wichtiger war. Aber auch wenn die strategische Arbeit in jeder Organisation und jedem Unternehmen wichtig ist, ist es genauso wichtig zu wissen, wie die eigenen Entscheidungen die Truppen beeinflussen. Wenn Sie es als Leader versäumen, auch Zeit mit der Arbeiterschaft zu verbringen, die Runde durch die Büronischen zu drehen, mit den Praktikanten zu sprechen, mit den Angestellten weiter unten in der Hierarchie einen Kaffee zu trinken – dann werden Sie auch nicht verstehen, was in Ihrem Unternehmen gerade vor sich geht. Und Sie werden als Leader letzten Endes scheitern.

Während meiner Zeit im Irak und in Afghanistan beobachtete ich die Generäle (und Colonels, Majors, Captains, Lieutenants sowie die erfahrenen höherrangigen Soldaten) und wie sie mit ihren Truppen interagierten. Die guten unter ihnen verbrachten Zeit an der Front, wichen in Falludscha den Kugeln aus, fuhren auf der »Route Irish« in Humvees mit, flogen in Helikoptern über den Hindukusch oder sprachen einfach nur mit den Soldaten, die in den Wachtürmen saßen. Dieses Engagement war nicht nur wichtig, um die Truppen zu verstehen und damit bessere Entscheidungen zu treffen; es war auch von entscheidender Bedeutung, dass die Truppen ihre Anführer verschwitzt und schmutzig neben sich stehen sahen.

Papst Franziskus sagte einmal: »Seid Hirten mit dem ›Geruch der Schafe‹.« Auch wenn dieser Ausspruch noch relativ jung ist, spiegelt er das Denken großartiger Leader aus allen Zeiten wider. Wenn man die Verbindung zu den Männern und Frauen verliert, die für einen arbeiten; wenn man keine Beziehung mehr zu ihnen hat, weil man zu viel Zeit im Büro verbringt und nicht genug mit den Arbeitern; wenn man nicht so »riecht« wie die Menschen, die man schützen und anführen soll, dann wird man ein schlechter Leader sein, der schlechte Entscheidungen trifft.

Es ist einfach:

1. Teilen Sie die Härten, denen Ihre Angestellten ausgesetzt sind. Sie werden ihren Respekt gewinnen und mehr darüber lernen, wer Sie selbst als Leader sind.
2. Werden Sie ein Teil der Kameraderie. Lassen Sie die Angestellten sehen, dass Sie auch mal Spaß haben können (im vernünftigen Rahmen). Sie wollen wissen, dass ihr Leader ebenfalls ein Mensch ist.
3. Hören Sie den einfachen Angestellten zu. Sie haben die Lösungen für die meisten Probleme, mit denen Sie zu kämpfen haben.

KAPITEL 13

Antreten zur Truppeninspektion

Wenn du dich vor allem damit beschäftigst, zuzuhören und zu beobachten, wirst du sehr viel mehr lernen als durch Reden.

– Robert Baden-Powell, Gründer der Pfadfinder

»Die Truppen inspizieren« ist fester Teil der Army-Traditionen. Geschichtlich betrachtet haben Generäle schon seit langer Zeit die Truppen auf dem Paradefeld antreten lassen, damit die Offiziere die Truppen inspizieren, Fragen über ihre Ausbildung stellen und sicherstellen konnten, dass die Befehle des Generals auch an den jüngsten Soldaten in der Formation weitergegeben wurden. Washington, Grant, Pershing, Eisenhower, Colin Powell und der erste weibliche Viersternegeneral der Army, Ann Dunwoody: Alle großen Generäle haben ihre Truppen inspiziert.

Jede Abteilung der Streitkräfte handhabt das ähnlich. In der Navy treten die Seeleute und Marines auf dem Heck oder dem Flugdeck an, um die täglichen Anweisungen zu erhalten. In der Air Force treten die Piloten vor ihren Maschinen an und die Befehle werden ausgegeben. Stets herrscht ein weitgehendes Verständnis, dass man als Offizier Kontakt zu den Truppen halten muss. Man muss überprüfen können, ob die Befehle der höheren Offiziere ausgeführt werden, aber man muss auch sicherstellen, dass die Truppen ihre Anführer so häufig wie möglich zu Gesicht bekommen.

Jedes Mal, wenn ich als Kommandant im Einsatz war, haben diese Truppeninspektionen – die täglichen Spaziergänge um ein Gebäude herum, am Rand eines Stützpunkts oder eines Camps entlang – stets großartige Einsichten geliefert, wie gut alles organisiert war und wie gut ich meine Arbeit als Leader machte.

»Sie gehen, Sir?«, fragte der Colonel, der von seinem Computer aufblickte.

»Ich mache nur einen Spaziergang«, entgegnete ich.

Er warf einen Blick auf die Digitaluhr, die über den Flachbildschirmen an der Wand angebracht war und lächelte. Es war vier Uhr morgens in Afghanistan. Zeit für mein nächtliches Ritual.

»Die letzte Mission sollte zur vollen Stunde abgeschlossen sein«, sagte er. »Wenn es irgendwelche Probleme gibt, lasse ich Sie holen.«

»Okay, danke.«

Im Joint Operations Center (JOC) in meinem Hauptquartier in Bagram, Afghanistan, war es ungewöhnlich ruhig für einen Samstagmorgen. Drei Ranger-Missionen in Kandahar und in der Provinz Ghazni waren bereits beendet. Die hochrangigen von den Soldaten gesuchten Ziele waren gefangengenommen worden, aber zwei Ranger wurden bei einem der Angriffe verwundet. Zum Glück nicht schwer. Außerhalb von Dschalalabad im Osten Afghanistans war eine Mission der SEALs noch im Gange. Als ich das JOC verließ, sah ich den Videofeed aus dem Predator-Helikopter, der gerade auf den Gebäudekomplex zoomte, den die SEALs im Visier hatten. Kleine schwarze Silhouetten bewegten sich zielgerichtet von Gebäude zu Gebäude. Die Strahlen der Laser-Zielfernrohre huschten über den Bildschirm, als die SEALs den offenen Innenhof durchkämmten und nach dem Ziel suchten.

Einfach nur eine weitere normale Nacht in Afghanistan.

Als ich gerade gehen wollte, fiel mir die junge Wachsoldatin an der Eingangskontrolle auf, die sorgfältig und methodisch die Zugangskarten auf einem Tisch vor ihr sortierte. Viele der Soldaten, die zur Unterstützung der Kräfte abgestellt waren, die Special Operations durchführten, waren hier nur ein Jahr im Einsatz und die meisten hatten aufgrund der Geheimhaltung bei unseren Missionen keine Ahnung, wer wir waren.

Ich blieb kurz stehen und plauderte mit ihr. Sie war noch nicht lange in der Army. Aus Ohio. Fan der Buckeyes. Hatte drei Brüder; das härtet ab. Einer ihrer Brüder schloss sich den Marines an. Aber er war immer noch in den Vereinigten Staaten. Sie war die Erste aus ihrer Familie, die in der Army diente. Die Erste, die in den Krieg zog. Sie war stolz. Hatte etwas Angst. Aber die Leute waren nett. Sie war froh, mit uns gemeinsam zu dienen. *Aber, wer waren wir eigentlich?*

Ich dankte ihr für ihren Dienst. Sagte ihr, ihre Familie in Ohio sei sicher stolz auf sie. *Ich war stolz auf sie.* Sie hatte sich in dem Wissen verpflichtet, dass sie in den Krieg ziehen würde, aber sie tat es dennoch. Und wenn es darum ging, wer wir waren – nun, wir waren eine Spezialeinheit, die die meistgesuchten Männer in Afghanistan jagte. Sie grinste breit. Ihr Bruder würde neidisch sein, sagte sie. »Ja, das würde er«, entgegnete ich.

Vor dem zweistöckigen Gebäude aus Sperrholz mit den Neonröhren, Computerbildschirmen, Videofeeds aus Drohnen und den Notausgangsschildern lag die spektakulär finstere Nacht Afghanistans. Auch wenn über dem Landplatz immer ein blasses gelbes Leuchten lag, brauchte man eine Taschenlampe, sobald man das Gelände hinter sich ließ.

Ich drehte mich nach rechts, nachdem ich die Eingangskontrolle hinter mir gelassen hatte, und ging langsam die Schotterstraße entlang, die die Hauptstraße unseres Stützpunkts bildete. Die zwei Hektar große Anlage mitten auf der Bagram Air Base bot Platz für über 2000 Menschen. Auch wenn die Messe und das Krankenhaus außerhalb unserer Anlage lagen, befand sich alles, was wir für Planung und Vorbereitung unserer Missionen brauchten, innerhalb dieses abgegrenzten Areals.

In der nächsten Stunde ging ich am Fuhrpark vorbei, wo ich feststellte, dass es zu wenig Mechaniker gab. Ich passierte den Waschsalon, in dem die Hälfte der Waschmaschinen defekt war, und dann machte ich mich zur letzten Station meines Spaziergangs auf – den Wachtürmen.

Alle 50 Meter entlang der äußeren Begrenzung stand ein etwa sieben Meter hoher Metallturm mit einem circa zwei mal zwei Meter großen Schützenstand oben drauf. Das winzige Gebäude hatte auf allen vier Seiten Schießscharten, aber das hochkalibrige Maschinengewehr war auf die offenen Felder gerichtet, von wo ein Angriff der Taliban erfolgen konnte. In all den Jahren, die ich in Bagram verbrachte, gab es nie einen Bodenangriff auf den Stützpunkt, aber wir waren vorbereitet.

Ich stieg die Leiter hinauf, die zur Falltür im Boden des winzigen Raumes führte. Ich klopfte zuerst und hob sie dann langsam an, damit ich sie nicht gegen den Soldaten schlug, der sich darin befand.

»Einstieg frei«, sagte er.

Um die Nachtsicht des Soldaten nicht zu ruinieren, schaltete ich meine Stirnlampe aus und krabbelte in den Gefechtsstand.

»Wie geht es heute Abend?«, fragte ich und stand langsam auf.

»Gut, Kumpel, und selbst?«, entgegnete der Soldat, der im Dunkeln nicht sehen konnte, wer ich war.

»Gut, danke«, antwortete ich. »Ich bin Admiral McRaven.«

»Cool«, sagte er, anscheinend nicht ganz sicher, was ein Admiral war oder wieso um 4 Uhr nachts ein Admiral seinen Wachturm besuchte.

»Alles ruhig heute Nacht?«, fragte ich.

»Oh, ja. Nur ein paar Kinder, die vom Feld aus Steine geworfen haben. Ich glaube, die mögen uns nicht.«

»Ich glaube, da könnten Sie recht haben.« Ich lächelte im Dunkeln.

»Drei-vier, hier ist …«, krächzte das Funkgerät.

»Hier drei-vier, bitte wiederholen«, sagte der Soldat und nahm das Walkie-Talkie aus der Halterung an seinem Gürtel.

»Ich wiederhole …«, lautete die unverständliche Antwort.

»Die verdammten Batterien sind gleich leer«, beschwerte sich der Soldat. »Ich wusste, ich hätte sie überprüfen sollen, bevor ich den Dienst antrat.«

Er sah auf die Uhr, drückte den Knopf für die Beleuchtung und las die Uhrzeit ab.

»Ist nur der Routine-Check«, murmelte er leise.

Er drückte den Knopf am Funksprechgerät und rief: »Hier drei-vier, alles in Ordnung hier!«

Ich lauschte und hörte ein leises »Roger« am anderen Ende.

Soldat Joey Benson aus Colorado erwies sich als gesprächiger Geselle. Er war alt für einen einfachen Soldaten und hasste die Army. Aber nach einer Reihe von Gesetzesverstößen gab ihm ein Richter keine andere Wahl. Entweder Gefängnis oder zur Army. Er saß quasi in den Streitkräften nur seine Zeit ab und wollte dann nach Colorado, um dort Ski zu fahren. Er hoffte, nicht wieder irgendwelchen Ärger zu bekommen. Er hasste die Army, wiederholte er, aber er mochte seine Kameraden. Er hasste die Army, aber er genoss tatsächlich seinen Einsatz in Afghanistan. Er hasste die Army, aber seine Offiziere und die Unteroffiziere waren ziemlich cool. Er hasste die Army, aber er machte eine Ausbildung zum Mechaniker. Er hasste die Army, aber er liebte es, zu schießen. Ja, er konnte es kaum abwarten, auszuscheiden, aber es wäre doch cool, Sergeant zu werden. Diesen jungen Leuten konnte er wirklich mal zeigen, was es bedeutet, Soldat zu sein.

Am nächsten Morgen um 11:00 Uhr UTC hielten wir die übliche weltweite Videokonferenz ab. Meine Special Operations Task Force war über den ganzen Globus auf kleine und große Stützpunkte und Basen verteilt. Wir analysierten jede bedeutende Operation vom Irak bis Afghanistan, von Somalia bis Nordafrika, von den Philippinen bis in den Jemen. Jedes hochrangig Ziel. Jede existenzielle Bedrohung der Nation. All die wirklich wichtigen aktuellen Probleme. Eine Stunde später sprach ich ein letztes Mal in mein Mikrofon. Wie immer erwarteten die Offiziere und Unteroffiziere irgendeinen weisen Spruch vom »alten Mann«; etwas Tiefgründiges und Bedeutungsvolles; etwas, das die gesamte Ausrichtung ihres Kampfes gegen al-Qaida, die Taliban, Al-Shabaab, Boko Harm und Abu Sayyaf für immer verändern konnte.

»Leute, ich habe heute Nacht meinen Rundgang gemacht und mir sind ein paar Dinge aufgefallen. Ich will, dass alle Kommandanten und die erfahrenen Unteroffiziere (Senior NCOs) sich um diese wichtigen Probleme kümmern.«

Auf dem Bildschirm, der in dreißig Felder unterteilt war, konnte ich sehen, wie Stifte gezückt wurden, um die nächsten erstaunlichen Befehle von ganz oben zu notieren.

»Zuerst einmal will ich, dass alle Soldaten, die zu unserer Unterstützung eingesetzt werden, darüber aufgeklärt werden, was für eine Taskforce wir sind. Ich will, dass sie ein Teil des Teams sind. Ich bin stolz, dass wir sie haben und ich will, dass sie stolz sind, hier zu sein.«

Einige Nasen wurden gerümpft, einige verzogen das Gesicht. Normale Soldaten einem Briefing zu unterziehen, wurde als Sicherheitsrisiko angesehen – *aber okay, alter Mann, wenn du unbedingt willst.*

»Als Nächstes will ich, dass jeder Senior NCO die Waschmaschinen überprüft und sicherstellt, dass alle funktionieren. Wenn sie es nicht tun, sagt es meinem Stabschef und wir kaufen neue.«

Waschmaschinen? Willst du mich verarschen? Der Dreisternegeneral macht sich Sorgen um die Waschmaschinen? Darum können sich die Junior NCOs Sorgen machen.

»Danach sollen die Kommandanten sich ansehen, wie viele Mechaniker auf wie viele Fahrzeuge in den Flotten kommen. Wir sollten mindestens einen Mechaniker für drei oder vier Fahrzeuge haben. Wenn es mehr Fahrzeuge sind, lasst es meinen Stabschef wissen und wir besorgen weitere Mitarbeiter.«

Okay, geht wohl in Ordnung. Wir brauchen alle mehr Mechaniker.

»Und zu guter Letzt will ich, dass jeder, der für die Wachtürme zuständig ist, vor jedem Wachwechsel eine Kontrolle vornimmt. Ich will sicherstellen, dass die Wachmannschaften auf den Türmen frische Batterien in den Funkgeräten haben und die entsprechende Ausbildung, um eine Waffe mit Kaliber .50 BMG abzufeuern.«

Mann, jetzt geht es aber ans Eingemachte …

»Alle einverstanden?«, fragte ich, was natürlich eine rhetorische Frage war.

Halbherziges Nicken allenthalben.

Jeder Leader weiß, dass es nichts Wichtigeres für den Erfolg einer Mission gibt als die Moral der Truppen. Aber Leader missverstehen oft die Natur der Moral. Bei Moral geht es nicht nur darum, dass sich die Angestellten *wohlfühlen*, es geht darum, dass sich die Angestellten *wertgeschätzt* fühlen. Es geht darum, dass die einfachen Soldaten und die einfachen Angestellten über alle Ressourcen verfügen, die sie für ihren Job brauchen. Es geht darum, dass die Truppen das Gefühl haben, ihre Anführer haben ein Ohr für ihre Sorgen.

Innerhalb weniger Wochen funktionierten alle Waschmaschinen und Wäschetrockner, durch den Fahrzeugpark wuselten jede Menge neue Mechaniker, und als um 1:00 Uhr Ortszeit in Afghanistan am

14. Mai 2009 14 Talibankämpfer das offene Gelände vor dem Stützpunkt überquerten, Granaten warfen und auf die Wachtürme schossen, eröffneten die Wachen in den Türmen sofort das Feuer und halfen damit, die Attacke abzuwehren.

Die Truppen zu inspizieren, hat mir gute Dienste geleistet, ob im Militär oder als Dekan der University of Texas System. Leader geben sich mitunter der Überzeugung hin, dass sie zu wichtig sind, um sich mit den alltäglichen Problemen eines Unternehmens herumzuschlagen. Sie – die wahren Leader – sollten die hartnäckigen Probleme lösen; die Probleme, die das Unternehmen auf den nächsten Level bringen; die Probleme, die nur die cleversten Männer oder Frauen im Unternehmen lösen können.

Das mag stimmen, aber ...

Sie sollten nie vergessen, dass es auch Probleme gibt, die auf der untersten Ebene gelöst werden müssen. Probleme, die zu Ineffizienz und Ineffektivität führen oder die Moral schwächen, wenn sie nicht angegangen werden. Probleme, mit denen die niedrigeren Ränge in einem Unternehmen zu kämpfen haben, aber die der Leader mit einer einfachen Anweisung lösen kann. Und manchmal besteht die einzige Möglichkeit, diese Probleme zu beseitigen, darin, das Büro zu verlassen und mit den Männern und Frauen zu reden, die für Sie die harte Arbeit erledigen.

Es ist einfach:

1. Verlassen Sie Ihr Büro und reden Sie mit den Angestellten am anderen Ende der Befehlskette.
2. Finden Sie eine Möglichkeit, die kleinen, aber hartnäckigen Probleme zu lösen.
3. Machen Sie Ihrem Führungsteam klar, dass diese »kleinen Probleme« große Auswirkungen auf die Moral haben können.

KAPITEL 14

Was du überprüfst,
kannst du auch erwarten

Die Wahrheit wird durch Augenschein und Abwarten bestätigt, der Betrug durch Eile und Unbestimmtheit.

– Tacitus, römischer Historiker

Im Jahr 1778 war die Kontinentalarmee unter George Washington in schlechtem Zustand. Freiwillige ohne militärische Ausbildung wurden einberufen und allenthalben von den regulären Soldaten der britischen Armee besiegt. Ohne Disziplin, ohne Organisationsstruktur und mit erschreckend niedriger Moral hatten diese Farmer, Handeltreibenden und Verkäufer selbst mit den einfachsten Militärmanövern Probleme.

Im Winter desselben Jahres hatte Washington seine Kräfte nach Valley Forge in der Nähe von Philadelphia verlegt. Er brauchte dringend jemanden, der ihm helfen würde, eine professionelle Armee aufzubauen. Benjamin Franklin, der damals in Europa war, fand genau den richtigen Mann für diese Aufgabe.

Auf einem großen weißen Pferd in voller Paradeuniform und zwei gewaltigen Pistolen in Holstern an der Hüfte ritt General Friedrich Wilhelm von Steuben im Februar 1778 in Valley Forge ein. Ein Soldat erinnert sich an die Ankunft von Steubens, als wäre er »der aus den Sagen bekannte Kriegsgott höchstpersönlich«.

Von Steuben war mit 17 Jahren Soldat geworden. Er hatte im Siebenjährigen Krieg gekämpft und wurde dabei mehrmals verwundet. Später diente er als Quartiermeister, Adjutant und als Quartiermeister-Leutnant unter Friedrich dem Großen. Er war der Prototyp des Soldaten.

Kurz nach seiner Ankunft machte Washington von Steuben zum Generalinspekteur der Kontinentalarmee. Von Steuben war schockiert, als er die Freiwilligenarmee sah. Das Camp in Valley Forge war schlecht arrangiert: Die Zelte und Hütten standen auf dem Feld verstreut; die Soldaten verschafften sich Erleichterung, wo immer sie wollten, sanitäre Anlagen existierten nicht und Waffen und Ausrüstung waren in unzumutbarem Zustand. Zudem hatten Korruption und Bestechlichkeit um sich gegriffen, da keine ausreichenden Aufzeichnungen geführt wurden und die Soldaten ihre Musketen und andere Ausrüstung weiterverkauften.

In wenigen Tagen hatte von Steuben eine Inspektion der Truppen, Zelte, Gewehre und Kampfausrüstung angeordnet. Administrative Aufzeichnungen wurden ebenso unter die Lupe genommen, um zu verhindern, dass sich jemand bereicherte. Kurz danach begannen die täglichen Drills, und im Winter 1778 schrieb von Steuben die *Regeln für Ordnung und Disziplin der Truppen der Vereinigten Staaten* – ein Dokument, das nach seiner ersten Veröffentlichung zum Fundament des amerikanischen Militärs wurde.

Der Einfluss des Barons von Steuben auf die Kontinentalarmee wird für einen Großteil ihrer Erfolge verantwortlich gemacht, und über die letzten 245 Jahre war die Idee von Ordnung, Disziplin und die Bedeutung von Inspektionen eine der Hauptsäulen jeder bedeutenden militärischen Organisation. Und kein Leader, der etwas auf sich hält, hat jemals bezweifelt, dass Inspektionen notwendig sind.

Colonel Elliot »Bud« Sydnor ging am Straßenrand entlang und inspizierte die drei Lkws, die Stoßstange an Stoßstange in einer Reihe standen und bereit zur Abfahrt warteten. In der Zugmaschine saßen schwer bewaffnete Bundesagenten, die zum Office of Secure Transportation gehörten. In den 16 Meter langen Anhängern befand sich empfindliches Material, das quer durchs Land befördert werden musste.

Die letzten drei Wochen hatte Sydnor, ein Green Beret im Ruhestand, die neuen Agenten ausgebildet, damit sie wussten, was zum Schutz des Konvois detailliert zu tun war. Jede mögliche Bedrohung wurde wiederholt durchgegangen: ein Hinterhalt durch Terroristen; Straßensperren durch Aktivistengruppen; eine Panne der Fahrzeuge. Jeder Beamte war in jedem Szenario für eine bestimmte Aufgabe zuständig. Beim Transport dieser gefährlichen Fracht durfte nichts dem Zufall überlassen werden. Aber die Ausbildung war nun vorbei und die tatsächliche Mission begann.

Sydnor hatte die Leitung der Mission an einen hochrangigen Bundesbeamten, einen Polizei-Captain, übergeben. Der Agent hatte nun das Kommando und würde den Transport des Materials überwachen. Als Sydnor die letzten Vorbereitungen beobachtete, fiel ihm etwas auf: Der Captain hatte keine persönliche Inspektion jedes Wachmanns in dem Lkw durchgeführt.

Er sprach den Agenten an und meinte mit allem gebührenden Respekt. »Es tut mir leid, Captain, aber mir ist aufgefallen, dass Sie keine persönliche Inspektion Ihrer Truppen durchgeführt haben.«

Der Captain sah leicht genervt aus, verdrehte die Augen und sagte: »Nun, Colonel, wir sind hier alle Profis. Wir brauchen keine Inspektion.«

Sydnor, ein zurückhaltender Mann mit einem Blick fürs Detail, antwortete eindringlich: »Nun, Captain, wenn Sie ein echter Profi wären, würden Sie verstehen, wie wichtig eine Inspektion ist.« Der Captain schwieg, erinnerte sich daran, welchen Dienst der Mann vor ihm geleistet hatte, und Minuten später waren alle Agenten angetreten und der Captain ging von einem zum anderen, um sicherzustellen, dass sämtliche Ausrüstung an Ort und Stelle sowie einsatzfähig war. Der Captain wusste, wenn jemand den Wert einer Inspektion verstand, dann war es Bud Sydnor.

Colonel Elliot »Bud« Sydnor war der Kommandant der Bodentruppen bei einem Spezialeinsatz, der wie kaum ein Zweiter in der Geschichte von Legenden umrankt war – der Überfall auf ein Kriegsgefangenenlager in Son Tay in Nordvietnam. Am 21. November 1970 flogen sechs Helikopter, in denen insgesamt 70 Soldaten saßen, die außerdem von vier Lockheed C-130 »Gunships« und von Tankflugzeugen unterstützt wurden, von Thailand aus über Laos nach Nordvietnam, um etwa 60 Kriegsgefangene zu retten, die im Camp Hope in der Nähe von Son Tay in Gefangenschaft waren. Zusätzlich waren hunderte Flugzeuge der Navy und Air Force an der Mission beteiligt. Sydnor hatte den Ausbildungsplan für diese Mission zusammengestellt, die Inspektionen geleitet und den Einsatz im Kriegsgefangenenlager geleitet. Während der Mission hatte Sydnors Heldenmut dazu geführt, dass er mit dem zweithöchsten Orden für Tapferkeit, dem Distinguished Service Cross, ausgezeichnet wurde. Als er nach 31 Jahren in den Ruhestand ging, war er außerdem mit einem Silver Star, der Legion of Merit an Eichenlaub, dem Distinguished Flying Cross, dem Bronze Star und zahllosen weiteren Orden ausgezeichnet worden.

Der Überfall auf Son Tay war eine der kühnsten und komplexesten Operationen der modernen Militärgeschichte. Leider hatten die Nordvietnamesen vor dem Angriff die Kriegsgefangenen aufgrund verschmutzten Trinkwassers verlegt. Als die Angriffstruppe ankam, traf sie auf starken Widerstand einer schwer bewaffneten nordvietnamesischen Kompanie, und nach einem langwierigen Feuergefecht stellten sie fest, dass die Kriegsgefangenen nicht mehr da waren. Auch wenn kein Kriegsgefangener gerettet wurde, war die Organisation und Ausführung der Attacke perfekt gewesen. Vierzig Jahre später nahm ich den Überfall auf Son Tay als Blaupause für die Operation Neptuns Speer, die Mission zur Ergreifung Bin Ladens.

Jedes Militär der Welt versteht, wie wichtig eine Inspektion ist. Wir inspizieren Uniformen, Waffen, Fahrzeuge, Panzer, Flugzeuge, Schiffe und alles andere, das für die Organisation von Wert ist. Aber allzu oft wenden wir in der Unternehmenswelt weniger Sorgfalt auf. Auch wenn jeder CEO interne und externe Audits zu schätzen weiß, um den Finanzstatus des Unternehmens zu ermitteln, wird auf die anderen Kernelemente des Unternehmens leider häufig nicht dieselbe Sorgfalt angewendet. Was oftmals unbeachtet bleibt, ist der positive Effekt, den Inspektionen auf die Moral haben können. Bei Inspektionen geht es nicht nur darum, den Gehorsam der Truppen sicherzustellen; die Inspektionen bringen zwangsläufig ein gewisses Maß an Disziplin in das Unternehmen ein, und wenn diese Disziplin angewendet wird, ist den Angestellten klar, dass sie in einem Unternehmen arbeiten, das Wert auf Qualität, Resultate und harte Arbeit legt. Niemand wird gerne inspiziert. Aber jeder Profi weiß es zu schätzen, wenn jemand über ihm sich Gedanken um die Details macht, denn diese Details entscheiden darüber, ob ein Unternehmen erfolgreich ist oder scheitert.

Als Leader müssen Sie die richtige Balance zwischen zu viel Aufsicht und zu wenig Sorgfalt finden. Wenn man sich nicht weiter kümmert, werden die meisten Unternehmen schlampig und undiszipliniert. Das liegt in der menschlichen Natur. Ihre Angestellten müssen wissen, dass ihre Arbeit beurteilt, geprüft, inspiziert und bewertet wird. Das ist die einzige Möglichkeit, um dafür zu sorgen, dass die hohen Standards, die Sie setzen, auch eingehalten werden. Auch wenn die Truppen sich über zu viel Aufsicht und zu viele Inspektionen beschweren, werden sie es doch wertschätzen, wenn sie wissen, was von ihnen erwartet wird.

Es ist einfach:

1. Identifizieren Sie die Kernkompetenzen innerhalb Ihrer Organisation.
2. Entwickeln Sie einen Plan, um diese Bereiche regelmäßig zu inspizieren.
3. Tauchen Sie bei einer Inspektion auf, damit alle Angestellten verstehen, dass Sie, der Leader, den Prozess und ihre Anstrengungen zu schätzen wissen.

KAPITEL 15

Kommunizieren,
kommunizieren,
kommunizieren

Effektives Teamwork
beginnt und endet mit
Kommunikation.

– Mike Krzyzewski, Basketballtrainer

Die Insel San Clement ist ein raues Stückchen Land, das sich 128 Kilometer westlich von San Diego aus dem Pazifischen Ozean erhebt. Ungefähr 34 Kilometer lang und 6,5 Kilometer breit liegt diese Insel oft in tief hängenden Nebelfeldern verborgen und sieht aus der Ferne der »King-Kong-Insel« ähnlich. Die letzten 60 Jahre war San Clemente der Ort, an dem die dritte Phase der Ausbildung der Navy SEALs stattfand. Nach fast einem halben Jahr des gnadenlosen Auswahlprozesses kommen die wenigen Anwärter, die übrigbleiben, nach San Clemente, um dort die letzten drei Wochen der Ausbildung zu beenden.

Diese letzte Phase ist oft die schwerste. In der ersten Nacht bringen einen die SEAL-Ausbilder 3 Meilen auf See, werfen einen ins Wasser und befehlen, zurück an die Küste zu schwimmen. Sie erzählen einem auch mit großem Vergnügen von den Haien, deren Jagdgründe sich im Meer vor San Clemente befinden. Dann gibt es einen Lauf über 16 Meilen, 5 Meilen Schwimmen, endlose Nächte Ausbildung an Sprengstoff und Waffen, tägliches körperliches Training und konstante Schikanen, die dazu gedacht sind, zu entmutigen und den Kampfgeist der Anwärter auf die Probe zu stellen. San Clemente ist nicht nur die letzte Bewährungsprobe für SEAL-Anwärter, sondern auch der wichtigste Test für die Offiziere und die höheren Dienstgrade. Kein anderer Aspekt der SEAL-Ausbildung legt so viel Wert auf Leadership. Auf dieser Insel werden die Offiziere ihr Platoon durch eine Reihe von Prüfungen führen: Kurze Gefechtsübungen, die die Fähigkeit testen, unter den schwierigsten Umständen zu kommandieren und die Kontrolle zu behalten. Eine dieser Übungen bestand darin, dass man aus dem Hinterhalt angegriffen wurde.

Unser Jahrgang, der vor einem halben Jahr noch aus 110 Männern bestanden hatte, zählte nun nur noch 33. Wir waren mental abgehärtet, hoch motiviert, körperlich gestählt und zu übermütig. An diesem Morgen waren wir auf einem kleinen Plateau an der nordwestlichen Seite der Insel angetreten. Ein grauer Dunst hing über den niedrigeren Teilen der Insel und schwebte hinaus auf die aufgewühlte See. Vom Ufer erhoben sich die Klippen steil in alle Richtungen. Ein Großteil des Terrains auf San Clemente besteht aus niedrigen Büschen, Kakteen und Felsen, aber es gibt einen Bereich, wo die Büsche und kleinen Bäume einen winzigen Wald bilden – dicht genug, um sieben Männern mit Sturmgewehren, Maschinengewehren und Übungsgranaten ein Versteck zu bieten. Der Wald ist lang genug, dass weitere 14 Männer einen Pfad entlang patrouillieren und darauf warten konnten, in einen Hinterhalt zu geraten.

Chief Faketty schritt vor der versammelten Gruppe SEAL-Anwärter hin und her.

»Okay, Gentlemen, die heutige Übung ist einfach. Sie werden einen Pfad entlang marschieren, den wir für Sie auswählen, und irgendwo werden sich die Ausbilder im Unterholz verstecken. Sie werden mit Platzpatronen und Übungsgranaten aus dem Hinterhalt angreifen und Sie müssen sich so schnell wie möglich den Weg aus der Kill-Zone bahnen. Ist das klar?«

»Ja, Ausbilder Faketty«, schrien wir alle gleichzeitig.

»Mr. Mac, schnappen Sie sich Ihr Platoon. Sie sind die ersten«, befahl Faketty.

Ich versammelte rasch die anderen 13 Trainingsteilnehmer um mich und ließ sie Patrouillenformation einnehmen. An der Spitze der Patrouille war Obergefreiter Dave LeBlanc als Späher. LeBlanc konnte am besten aus dem ganzen Kurs mit Karte und Kompass umgehen, hatte die schärfsten Augen und hörte das kleinste Geräusch. Als Platoon-Kommandant kam ich an zweiter Stelle. Direkt hinter mir war der Funker. Meine Position in der Marschordnung gestattete es mir, dem Späher Anweisungen zu geben und mich dann umzudrehen, und mithilfe des Funkers mit Artillerie, Luftwaffe oder den Geschützgruppen auf See, die uns unterstützten, Kontakt aufzunehmen. Damals gab es nur ein Funkgerät pro Platoon. Die gesamte Kommunikation innerhalb des Platoons geschah durch Handsignale oder indem man mitten in einem Feuergefecht laut Befehle brüllte. Nach dem Funker kam der Mann mit dem schweren Maschinengewehr, sieben Männer mit Sturmgewehren, ein Sanitäter, ein weiterer Mann mit Maschinengewehr und dann ein Mann als Nachhut. Alles zusammen ein beträchtliches Ausmaß an Feuerkraft für eine kleine Einheit aus 14 Männern.

Jim Varner, Oberbootsmann, trat aus der Gruppe nach vorn. Varner war erfahrener Seemann der Flotte und der Ranghöchste aus dem Kurs.

»Alle hören auf Mr. Mac«, sagte er. »Wenn er den ersten Angriff ›überlebt‹, wird er uns sagen, in welche Richtung es weitergeht. Die Ausbilder werden Rauch- und Übungsgranaten werfen, also hört auf die Kommandos von Mr. Mac und achtet auf seine Handzeichen.«

Marshall Lubin, der die Nachhut bildete, meldete sich zu Wort.

»Und sorgt dafür, dass seine Befehle nach hinten weitergegeben werden, damit ich nicht im Regen stehe!«

Alle nickten. Sie kannten den Ablauf. Wenn ich sagte: »Vorwärts Marsch«, dann ging es vorwärts. Wenn ich sagte: »Nach links«, wandten sich alle nach links. Bei einem Hinterhalt war es am wichtigsten, so schnell wie möglich aus der Todeszone zu kommen. Das machte es erforderlich, dass alle auf Befehl identisch reagierten. Wenn der Platoon-Kommandant seine Absichten nicht deutlich machte, wenn das Platoon nicht wie ein Mann reagierte, wenn nicht jeder in die gleiche Richtung feuerte, dann war eine Katastrophe unvermeidbar.

Nach einer letzten Überprüfung der Waffen und der Adapter, mit denen man die Platzpatronen verschoss, stellten wir uns in einer Reihe auf und rückten aus. An der Küste hatte sich der Nebel gelichtet, aber eine steife Brise peitschte über das Plateau. Der durchdringende Geruch von Salzwasser und der Gestank der Seelöwen, die hier ihre Jungen aufzogen, erfüllten meine Nase. Ich trug eine grüne Alltagsuniform, einen Buschhut, Canvas-Dschungel-Boots, einen H-förmigen Munitionsgurt und mein M16-Sturmgewehr. Ich fühlte mich wie ein echter Navy SEAL.

Nachdem wir etwa eine Viertelstunde über offenes Terrain patrouilliert waren, erreichten wir den staubigen Pfad, der ins Unterholz führte. Ich gab ein Handsignal, dass der Feind in diesem Bereich lauern könnte. Das Signal wurde die Reihe entlang weitergereicht. Ich wusste nicht, woher die Attacke kommen würde, also lauschte ich auf jedes unnatürliche Geräusch, und mein Blick sauste mal hierhin und mal dorthin, von links nach rechts.

Jeder Busch, der sich bewegte, fiel mir auf. Jeder Zweig, der zerbrach, brachte meinen Kopf zum Rotieren. Jeder Schatten, den die Morgensonne warf, ließ mich Männer sehen, die gar nicht da waren. Oder doch?

Die militärische Standardversion des M16-Sturmgewehrs hat etwa 3 Kilogramm Abzugswiderstand. Wenn ein Schütze den gebogenen Metallbügel zieht, macht er ein klickendes Geräusch, bevor der Schlagbolzen die Treibladung des ersten Geschosses aktiviert. Es liegt nur ein Sekundenbruchteil zwischen dem Ziehen des Abzugs und dem Abfeuern des Geschosses – aber man kann es hören.

»Hinterhalt rechts! Hinterhalt rechts«, schrie jemand.

Aus dem hohen Buschwerk zu meiner Rechten war das ohrenbetäubende Donnern der Platzpatronen zu hören. Der Angriff aus dem Hinterhalt hatte begonnen.

Alle Männer des Platoons ließen sich gleichzeitig zu Boden fallen und erwiderten das Feuer aus dem hohen Gras.

»Granate! Granate!«, schrie eine weitere Stimme.

Direkt zu meiner Linken, ein Stückchen vom Späher entfernt, detonierte eine Übungsgranate; erst nur eine, dann noch eine. Der Knall hatte enorme Wirkung auf meine Ohren. Auf dem Boden um mich herum feuerte das Platoon weiter, wechselte Magazine und wartete, dass ich den Befehl gab, die Stellung zu verlassen. Wir konnten nicht durch den Busch zur Gegenattacke übergehen, das Unterholz war zu dicht. Wir konnten nicht nach rechts, die Ausbilder hatten uns den Weg abgeschnitten. Unsere einzige Chance war offenbar, nach links zu laufen, um die Todeszone zu verlassen. Das war vermutlich die Standardlösung, wie aus dem Lehrbuch, *aber ich hatte eine bessere Idee.*

Ohne zu zögern, steckte ich ein neues Magazin in die M16, sprang aus liegender Position auf und rannte um die linke Seite des dichten Buschwerks herum, nickte unserem Späher zu, als ich an ihm vorbeischoss. Ich wollte die Ausbilder von der Flanke angreifen, die Büsche umrunden, hinter ihnen landen und ihren Hinterhalt meinerseits erwidern. *Was für eine tolle Idee das wäre.*

Wie besessen rannte ich an den Büschen entlang, sprang über ein paar kleine Felsen und fand mich widerstandslos auf einer Anhöhe hinter den Ausbildern wieder. Ich stellte mein Sturmgewehr auf

Dauerfeuer, zog den Abzug und zielte auf die sieben Männer, die hinter dem hohen Strauchwerk lagen. Ich bewegte mich vorwärts und feuerte weiter, als ich jeden der Männer methodisch mit Platzpatronen erschoss.

Wir hatten gewonnen!

»Was zur Hölle tun Sie da, Mr. Mac?«, schrie mich Ausbilder Faketty an und sprang auf.

»Die Bösen töten«, antwortete ich schnell und voller Stolz.

Doc Jennings, einer der wenigen schwarzen Froschmänner aus der Vietnamära stand auf und sah mich voller Verachtung an.

»Sie sind ein verdammter Idiot«, sagte er. Oder etwas Ähnliches.

»Sie haben Ihr Platoon in der Kill-Zone liegend zurückgelassen. Wussten die, was Sie vorhaben?«

Irgendwie lief das nicht so, wie ich gedacht hatte.

»Kehren Sie zu Ihrem Platoon zurück, Mr. Mac«, befahl Jennings streng.

Ich dachte, man hätte mich genug in die Mangel genommen. Das Platoon würde sicher meine schnelle Reaktion zu schätzen wissen. Sie würden verstehen, was ich vorgehabt hatte. Ich hatte die Ausbilder besiegt. Das musste doch etwas zählen.

»Sir, was zur Hölle haben Sie sich dabei gedacht?«, fragte Varner und wiederholte, was Faketty gesagt hatte.

»Wir hatten keine Ahnung, wohin Sie verschwunden sind«, schaltete sich LeBlanc ein.

Ich versuchte, es schnell zu erklären.

»Schaut mal, Männer. Ich habe eine Chance gesehen, den Feind von der Flanke anzugreifen und das Platoon zu retten. Ich habe reagiert.«

»Nun, Sir, das ist ja toll, aber wir hatten keine Ahnung, was Sie tun oder wohin Sie verschwunden sind.«

Marshall Lubin hatte sich umgedreht, um sich ebenfalls an der Unterhaltung zu beteiligen.

»Ja, Mann. Ich dachte schon, Sie rennen vor dem Feuergefecht davon.«

»Nein, nein, nein! Kommt schon, Leute. Ich habe versucht, das Platoon zu retten.«

»Sir, bei allem gebotenen Respekt«, erwiderte Varner, etwas weniger gereizt, »Ihre Aufgabe war es, uns alle aus der Kill-Zone zu bringen, uns zu sagen, was Sie vorhaben, damit wir uns gemeinsam in Bewegung setzen und überleben konnten.«

Ich nickte nur. Mir war klar, dass sie recht hatten.

Jim Varners Worte hallten mir den Rest meiner Karriere durch den Kopf. *Ihre Aufgabe war es, uns alle aus der Kill-Zone zu bringen, uns zu sagen, was Sie vorhaben, damit wir uns gemeinsam in Bewegung setzen und überleben konnten.*

Es gibt nichts, das beängstigender oder gefährlicher wäre, als in einen echten Hinterhalt zu geraten, mit echten Kugeln und Leben, die tatsächlich in Gefahr sind. Aber ob Sie eine existenzielle Bedrohung erleben oder nur eine herausfordernde Phase in Ihrem Unternehmen, ein erfolgreicher Leader weiß, dass er seine Maßnahmen den Angestellten kommunizieren muss. Wenn Sie wollen, dass alle im Unternehmen als Einheit funktionieren, müssen Sie sicherstellen, dass auch der niedrigste Angestellte Ihre Intention versteht und Ihren Anweisungen folgt.

Auf der ersten Seite des *U.S. Army Ranger Handbook* findet man die stets gültigen Befehle für »Rogers' Ranger«. Die Ranger wurden 1756 von Major Robert Rogers gegründet. Er rekrutierte neun Kompanien amerikanischer Kolonisten und bildete sie aus, um in den Kriegen gegen die Franzosen und im Indianerkrieg zu kämpfen. Rogers war erfahrener Jäger, Fährtenleser und Soldat aus New Hampshire. Er schrieb 19 »Dauerbefehle« auf, die seine Ranger auswendig lernen mussten. Auch wenn diese Regeln über 200 Jahre alt sind, hat sie jeder Army Ranger von heute auswendig gelernt. Über zwei Jahrhunderte wurden diese Regeln jeden Tag von der Befehlskette betont. Sie wurden das erste Mal weitergegeben, indem sie an einen Baumstamm geheftet wurden, dann ein Teil des *Ranger Handbook* wurden und heute findet man sie auch im Internet – jeder, der das Abzeichen eines Rangers trägt, weiß, was er im Einsatz zu tun hat.

Während meiner Zeit als Kommandant einer Joint Special Operations Einheit hatten wir auf der ganzen Welt Truppen stationiert. An einem einzigen Tag hatten wir manchmal sechs Videokonferenzen und ich musste stets sicherstellen, dass die Leader der Einsätze meine Befehle verstanden, während ich gleichzeitig Feedback von den Soldaten der niedrigsten Ränge erhielt.

Als ich einige Jahre später alle amerikanischen Special Operations kommandierte, führten wir regelmäßig Meetings mit allen Beteiligten durch, hatten Liveübertragungen der Leitungsteams und verteilten eine Reihe schriftlicher Anweisungen. Zusätzlich gab ich die Anweisung, dass meine »Intentionen als Kommandant«, die Werte und Ziele der Organisation, in jedem Büro und auf jedem Schreibtisch öffentlich einsehbar waren. Nachdem ich aus dem Militär ausgeschieden war, setzte ich dieselbe Philosophie der Kommunikation in der University of Texas System ein.

Jeder versteht, wie wichtig gute Kommunikation ist, aber wieder und wieder scheitern Leader, wenn es darum geht, ihre Ziele, Zielvorgaben, Werte und Intentionen dem einfachen Soldaten deutlich zu verstehen zu geben. Kommunikation erfordert ständige

Anstrengung auf Seiten des Leaders. Das darf man nicht einfach einem Mitarbeiter überlassen. Sie müssen direkt beteiligt sein, wenn es darum geht, sicherzustellen, dass die Botschaft auch deutlich weitergegeben wird und Sie das Feedback erhalten, das nötig ist, um die Organisationsstruktur bei Bedarf zu ändern.

Früher oder später wird jeder Leader in einen Hinterhalt geraten und sich mit Problemen konfrontiert sehen. Vielleicht ist es eine Krise, vielleicht ein Konflikt, vielleicht nur ein Missverständnis oder vielleicht auch eine Gelegenheit. Sie dürfen nur eines nicht vergessen: Wenn Sie offensiv ausrücken, stellen Sie sicher, dass jeder weiß, was Sie tun: kommunizieren, kommunizieren, kommunizieren.

Es ist einfach:

1. Richten Sie einen Kommunikationskanal ein, der in beide Richtungen funktioniert.
2. Stellen Sie sicher, dass die Werte und Ziele des Unternehmens bis hinab zu den einfachsten Angestellten verstanden werden.
3. Leiten Sie keine entscheidenden Aktionen ein, ohne einen Plan zu haben, wie Sie die Angestellten darüber informieren wollen.

KAPITEL 16

Im Zweifel lieber zu viel als zu wenig

Nichts, das sich lohnt, fliegt einem zu, außer als Resultat harter Arbeit.

– Booker T. Washington

Die Sturmfront zog schnell heran, die dunklen Wolken türmten sich am Horizont und die Böen erreichten 20 Knoten. Die Brandung vor San Clemente Island erschwerte es, die Betonhindernisse zu lokalisieren, die etwa drei Meter tief im Sand steckten.

Durch den Nebel und das Meerwasser in meiner Maske erkannte ich eine weitere Landungssperre – einen großen Betonblock, etwa 1,20 Meter mal 1,20 Meter groß mit herausragenden Stahlträgern –, die von der Brandung halb verborgen war. Ich schnappte mir meinen Sprengsatz, hielt die Luft an, tauchte zu den Stahlträgern hinab, die in das Hindernis eingelassen waren und platzierte die Sprengladung auf dem Beton. Das Hindernis war gewaltig und unmittelbar im Weg der amphibischen Landungstruppen. Wenn es nicht zerstört wurde, müssten die Landungsboote, auf denen die Marines waren, ausweichen und die Landung musste abgebrochen werden.

Als frischgebackenem Leutnant zur See im Underwater Demolition Team Eleven hatte man mir die Leitung eines kleinen Teams von 21 Froschmännern übertragen. Die Übungsleiter der Navy und der Marines hatten zehn solcher Hindernisse für die amphibische Angriffstruppe eingeplant. Unsere Arbeit bestand darin, die Hindernisse zu beseitigen, damit die Truppen am Strand landen konnten. Auch wenn es nur eine Übung war, bestand ein hohes Risiko für Verletzungen. Wenn ein Landungsboot an einem der Stahlträger hängen blieb und nicht aus der Brandung herausmanövrieren konnte, lief es Gefahr, zu kentern.

Vor diesem Manöver hatten wir alles detailliert geplant, um sicherzustellen, dass wir eine ausreichende Menge an Plastiksprengstoff hatten, ausreichend lange Zündschnüre, genau die richtige Anzahl an Zündern und Sprengkapseln und, wie immer, genügend Ersatz. Im Zweiten Weltkrieg hatten Froschmänner der Navy im ganzen Pazifik und zur Vorbereitung der Landung in der Normandie Strände gesichert und von Hindernissen befreit. Interessanterweise hatte sich die grundlegende Vorgehensweise zur Sicherung eines Strandes nicht geändert. Ein Team von Froschmännern bestieg ein Schnellboot. Das Boot näherte sich dem Strand und setzte die Froschmänner parallel zum Strand im Wasser ab, wo es etwa sieben Meter tief war. Mit einer Plastikschreibtafel, einem Wachsstift und einer Bleischnur bewaffnet, schwammen die Froschmänner dann zum Strand und tauchten mehrmals, um die Hindernisse auf dem Weg zu lokalisieren.

Sobald alle den Strand erreicht hatten und wieder zurückgeschwommen waren, machte sich das Schnellboot auf den Weg, um alle einzusammeln. Zurück auf dem Mutterschiff wurden die Positionen der Hindernisse auf einem Plan eingetragen und die richtige Menge Sprengstoff ermittelt, um sie zu zerstören. Diese Berechnungen waren sehr präzise. Für jede Landungssperre war eine Transporttasche voller C4 nötig. Sobald der Sprengstoff vorbereitet war, gingen die Froschmänner an Bord des Schnellboots, fuhren zurück zum Strand, bestückten die Hindernisse mit Sprengstoff und ließen das C4 detonieren, um den Weg für die Marines freizumachen. Aber 40 Jahre »Strände säubern« von Okinawa bis zur Normandie, von Incheon bis Vietnam hatte die Froschmänner eine wichtige Lektion gelehrt: Wenn man sich über die Menge Sprengstoff nicht sicher war – *lieber zu viel als zu wenig*. Lieber mehr Energie, mehr Gewalt, mehr Kraft in eine Lösung investieren, als nötig erscheint. Das war die einzige Garantie für den Erfolg, angesichts von Unsicherheit und Zweifeln.

Fünf Jahre später wurde ich dem East Coast SEAL Team zugeteilt, man feuerte mich, enthob mich meines Kommandos und teilte mich einem anderen Team zu. Damals schien es wie das Ende meiner Karriere. Es ist nie gut, gefeuert zu werden, aber es ist wirklich schlimm, in der Navy gefeuert zu werden, und besonders übel, in einem SEAL-Team gefeuert zu werden, denn jeder kennt einen.

Zum Glück glaubten Commander John Sandoz und Lieutenant Commander John Wright an mich, denn ich hatte im UDT-11 für sie gearbeitet, und sie gaben mir eine weitere Chance in einem neuen SEAL-Team. Ich wusste, dass man nicht oft eine zweite Chance bekam, und ich konnte nur dann den Respekt meiner Kollegen unter den Froschmännern zurückerobern, wenn ich härter arbeitete – härter, als es jeder andere für nötig gehalten hätte, härter, als die Berechnungen es erforderten, härter als die Hindernisse auf meinem Pfad. Wenn es einen Zweifel an meiner Hingabe, meiner Kompetenz, meiner Professionalität gab, würde ich lieber zu viel tun als zu wenig, um erfolgreich zu sein. Jeden Tag ging mir der Spruch, *Im Zweifel lieber zu viel als zu wenig*, durch den Kopf. Ich überließ nichts dem Zufall, um meine Entschlossenheit zu beweisen. Im folgenden Jahr schloss ich einen erfolgreichen Einsatz mit den SEALs ab, verdiente mir den Respekt meiner SEAL-Kameraden und belebte meine Karriere neu.

Aber 25 Jahre später fand ich mich in einer ähnlichen Situation wieder. Ich war zum Vizeadmiral befördert worden und hatte gerade das Kommando über die Special Operations übernommen, als ich die Chance sah, mehrere Schlüsselfiguren des Al-Qaida-Netzwerks, denen wir auf der Spur waren, gefangen zu nehmen. Das einzige Problem war – die Al-Qaida-Kämpfer versteckten sich in einem

Land, in dem wir aufgrund politischer Empfindlichkeiten keine Bodeneinsätze durchführen durften. Aber nachdem ich Monate bei CIA, Pentagon, dem State Department und im Weißen Haus dafür geworben hatte, erhielt ich die Genehmigung für die Mission. Mehrere Kollegen warnten mich, dass meine Zeit als Kommandant beendet wäre, falls dieser Einsatz schiefging. Dennoch glaubte ich, dass die Informationen, die wir von diesen Männern erhalten konnten, wenn wir sie schnappten, das Risiko wert waren.

Leider konnten die SEALs bei dieser Mission die fünf Bösewichter nicht schnappen und wurden stattdessen in ein erbittertes Feuergefecht mit dem Gegner verwickelt, sodass der Einsatz abgebrochen werden musste. Es wurden alle sicher wieder nach Hause gebracht, aber feststand, dass mein Plan und ich als Leader versagt hatten. In den folgenden Tagen wurde ich aufgrund dieses Resultats genau unter die Lupe genommen und mir kam zu Ohren, dass ein höherer Offizier gesagt hatte: »Vielleicht ist McRaven der falsche Mann für den Job.« Bei meinen Vorgesetzten hatten sich Zweifel eingeschlichen – Zweifel an meiner Kompetenz und Zweifel an meinen Führungsqualitäten – und diese Zweifel breiteten sich schnell aus. Ich muss zugeben, sogar ich selbst zweifelte an mir. Aber die Erfahrung hatte mich gelehrt, die einzige Methode, um diese Zweifel auszuräumen, bestand darin, mich in meinem Job noch mehr anzustrengen – es war an der Zeit, *lieber zu viel als zu wenig zu tun.*

Ich stand früher auf, arbeitete länger, nahm an mehr taktischen Operationen teil, studierte unablässig das Schlachtfeld und schlief sehr viel weniger. Als sich dann die nächste Chance bot, war ich bereit. Harte Arbeit schafft Chancen. So einfach ist das. Und wenn Sie auf dem Weg ins Straucheln geraten sind, verdoppeln Sie Ihre Anstrengungen, und das wird unweigerlich neue Chancen eröffnen, um erfolgreich zu sein. Jeder Leader scheitert gelegentlich, und diese

Fehlschläge können Sie an Ihrer Vision, Ihren Plänen, Ihrer Hingabe, Ihrem Talent und Ihrer Führungskompetenz zweifeln lassen. Denken Sie immer daran: Im Zweifel lieber zu viel als zu wenig.

Es ist einfach:

1. Arbeiten Sie hart. Jeder erwartet das von einem Leader.
2. Arbeiten Sie härter. Strengen Sie sich besonders an. Das wirkt inspirierend auf die Angestellten.
3. Arbeiten Sie am härtesten. Das führt zu Chancen, die vorher nicht existierten.

KAPITEL 17

Kannst du vor dem langen, grünen Tisch stehen?

99 Prozent aller Fehlschläge
gehen auf das Konto der
Menschen,
die aus Gewohnheit nach
Ausreden suchen.

– George Washington Carver

Im Oktober 1925 verfolgte die ganze Nation den Prozess vor dem Kriegsgericht gegen einen amerikanischen Helden, General Billy Mitchell. Mitchell war ein hochdekorierter Pilot, der die zweithöchste Auszeichnung des Landes für seinen Heldenmut beim Luftkampf im Zweiten Weltkrieg erhalten hatte. Aber Mitchell war auch ein energischer Fürsprecher für die Luftwaffe. Er glaubte, ein weiterer Krieg stünde unmittelbar bevor und es sollte eine einheitliche Air Force aufgebaut werden, die so schlagkräftig wie die Army und Navy war.

Mitchell beharrte vor allem darauf, dass Flugzeuge mit schweren Bomben ein Kriegsschiff versenken konnten. Aber die Führungsriege der Navy und das Weiße Haus hatten dem Kongress bereits vorgetragen, dass sie weitere Kriegsschiffe brauchten, und sie verteidigten ihre Position erbittert. Um zu beweisen, dass sie recht hatte, orchestrierte die Navy mehrere Demonstrationen, um zu zeigen, dass ein Kriegsschiff einen solchen Angriff überleben konnte, aber die Übungen waren manipuliert und Mitchell deckte diesen Schwindel auf. Nachdem er auf einen ehrlichen Test bestand, bewies Mitchell ohne jeden Zweifel, dass die Luftwaffe auf See und an Land dominieren konnte. Dennoch wehrte sich das Militär gegen die Idee einer vereinten Air Force. Mitchell wurde schließlich vors Kriegsgericht gestellt, als er die Führung der Army und Navy beschuldigte, die »Landesverteidigung auf eine Weise zu verwalten, die an Verrat grenzte«.

Das Kriegsgericht hatte eine Jury aus 13 Offizieren des Militärs, inklusive eines jungen Major Generals namens Douglas MacArthur. Diejenigen, die unter Eid aussagten, um Mitchell zu entlasten, gehörten zum »Who's who« der militärischen Führungsriege, inklusive des Fliegerasses aus dem Ersten Weltkrieg, Eddie Rickenbacker, General Hap Arnold und General Carl Spaatz. Die zwei letzteren sollten hinterher die Leitung der U.S. Air Force übernehmen.

Im Verlauf des siebenwöchigen Prozesses stand Mitchell vor dem »langen, grünen Tisch«, an dem die versammelten Offiziere saßen, und brachte seinen Fall vor. Er wich nie von seiner Position ab, dass er eine moralische, rechtliche und ethische Verpflichtung hatte, diese Probleme der Führung der Army und Navy bekannt zu machen. Er meinte, ein Krieg stehe kurz bevor, und das Unweigerliche nicht anzuerkennen und nicht für den Kampf vorauszuplanen, käme einem Verrat gleich.

Trotz all der Unterstützung, die er erhielt, und trotz seiner leidenschaftlichen Verteidigung wurde Mitchell in allen Punkten schuldig gesprochen. Von den 13 Mitgliedern der Jury war MacArthur der Einzige, der auf Freispruch plädierte. Er sagte: »Ein leitender Offizier sollte nicht mundtot gemacht werden, weil er nicht mit seinen Vorgesetzten oder der akzeptierten Doktrin übereinstimmt.«

Sieben Jahre später wurde Franklin Delano Roosevelt, einer der frühen Kritiker Mitchells, zu einem seiner stärksten Fürsprecher. Im Jahr 1942 waren die Himmel über Deutschland mit amerikanischen Bombern gefüllt, und 1947 wurde die United States Air Force durch einen Kongressbeschluss gegründet. Die Geschichte sollte zeigen, dass Billy Mitchell sich gegen die vernichtende Kritik und die Drohungen, seine Karriere zu beenden, durchgesetzt hatte. Aufgrund seiner nie nachlassenden Forderung nach einer Luftwaffe und weil er prinzipientreu für diese Mobilisierung einstand, sollte General Billy Mitchell für immer als der Vater der Air Force bekannt sein.

Schwierige Entscheidungen mit ernsten Konsequenzen erfordern sorgfältiges Nachdenken. Während meiner Karriere fand ich mich selbst oft in der Zwickmühle wieder, hin- und hergerissen zwischen dem, was ich für das Richtige hielt, und dem, was andere von mir erwarteten oder was zweckdienlich erschien. In diesen Momenten stellte ich mir immer wieder die Frage: »Kannst du vor dem langen, grünen Tisch stehen?« Kannst du gegenüber einsichtigen Männern und Frauen, die deine Entscheidungen beurteilen sollen, rechtfertigen, dass deine Handlungen moralisch, legal, ethisch und in Übereinstimmung mit den Zielen der Organisation erfolgten? Wenn nicht, solltest du deine Handlungen noch einmal überdenken. Aber wenn du ehrlich sagen kannst, dass deine Handlungen gerechtfertigt sind und vernünftige Menschen das genauso sehen sollten, dann stehe zu deinen Überzeugungen und triff die schweren Entscheidungen.

2001 wurde die Enron Corporation, ein Energie- und Versorgungsunternehmen aus Houston, des systematischen und absichtlichen Betrugs an seinen Kunden für schuldig befunden. Zu den Folgen gehörten Gefängnisstrafen für die Unternehmensführung, die Auflösung von Enron und der Ruin einer der Top-Buchhaltungskanzleien der Welt. In ihrem erkenntnisreichen Buch, *The Smartest Guys in the Room: The Amazing Rise and Scandalous Fall of Enron*, wiesen Bethany McLean und Peter Elkind darauf hin, dass eine Reihe leitender Angestellter innerhalb des Unternehmens wusste, dass etwas nicht stimmte, aber das Unternehmen verdiente Millionen, also kümmerten sie sich nicht weiter darum. Diese Führungskräfte rechtfertigten ihr Verhalten auf verschiedenste Weise und sprachen die offensichtliche Korruption niemals an. Im Epilog zu *Smartest Guys* schrieben die Autoren: »Die Rechtfertigungen [der angeklagten Führungskräfte] hinterher ähnelten auf erstaunliche Weise der Geisteshaltung, die überhaupt diese Katastrophe für Enron verursacht hatte. Die Argumente waren engstirnig, regelbasiert und rechtliche Haarspalterei.« Mit anderen Worten, die Leader des Unternehmens versuchten, ihr schlechtes Verhalten zu rationalisieren, weil sie so viel Geld verdienten.

Dasselbe kann man über eine Reihe von Universitäten sagen, die ihre Regeln zum Rekrutieren von Sportlern recht leger ausgelegt haben, die beide Augen zudrückten, wenn es zu sexuellem Fehlverhalten kam, oder die Großspendern besondere Privilegien zubilligten. Sie überzeugten sich selbst, dass ihre Handlungen gerechtfertigt waren, denn der Gewinn einer Meisterschaft, ein Nobelpreis oder eine große Spende würden den Studierenden mehr Ressourcen bescheren.

Früher oder später werden die Handlungen jedes Leaders auf dem Prüfstand stehen, ob extern oder intern. Um Fehlverhalten zu vermeiden, das so viele Karrieren und Institutionen ruiniert hat, gibt es drei Fragen, die man auf jede Entscheidung und jede Handlung anwenden sollte: *Ist sie ethisch, legal und moralisch?*

Ethisch – folgt sie den Regeln?

Legal – folgt sie dem Gesetz?

Und moralisch – folgt sie dem, was Ihres Wissens nach das Richtige ist?

Auch wenn die meisten denken, dass es gelegentlich zweideutig ist, was moralisch richtig oder falsch erscheint – *das stimmt nicht.* Wenn man mit Untergebenen und Vorgesetzten redet, die eine schlechte Entscheidung getroffen haben und mit den Konsequenzen leben mussten, dann sagen sie stets: »Im Hinterkopf wusste ich, dass es nicht richtig war, aber …« Und sie fanden eine Möglichkeit, es zu rechtfertigen.

Ich habe in all den Jahren in einer Führungsposition angesichts herausfordernder Entscheidungen stets gewusst, was die richtige Antwort war. Es ist nur so, dass die richtige Antwort schwer zu akzeptieren ist und die Entscheidungen schwer zu treffen sind, denn wir leben nicht in einer Welt, in der alles voneinander isoliert ist. Eine schwere Entscheidung zu treffen, wird manchmal dafür sorgen, dass man Freunde verliert. Menschen werden wütend auf Sie sein. Kurzfristige Vorteile gehen vielleicht verloren. Sie könnten vielleicht sogar vor ein Kriegsgericht kommen. Aber wenn Ihnen klar ist, dass Sie früher oder später für Ihre Handlungen geradestehen müssen, dann werden Sie vermutlich auch in der Rückschau richtig gehandelt haben, wenn Sie sich für das entscheiden, was moralisch, legal und ethisch ist.

Es ist einfach:

1. Stellen Sie sicher, dass alle Ihre Entscheidungen moralisch, legal und ethisch sind.
2. Fragen Sie sich selbst, ob vernünftige Menschen das, was Sie tun, als gut und anständig ansehen würden.
3. Früher oder später werden Sie für Ihre Handlungen zur Verantwortung gezogen. Tun Sie stets das Richtige.

KAPITEL 18

Geh nie alleine schwimmen

Viele wollen mit dir in der Limousine fahren, aber was du brauchst, sind Leute, die mit dir zusammen den Bus nehmen, wenn die Limousine eine Panne hat.

– Oprah Winfrey

Das größte Kompliment, das ein Froschmann einem anderen machen kann, ist, ihn einen »Schwimm-Buddy« zu nennen. Es ist ein einfacher Begriff, aber darin steckt alles über unser Leben, darüber, wie wir kämpfen und manchmal auch, wie wir sterben.

Nachts unter Wasser, wenn es am dunkelsten ist, taucht dein Schwimm-Buddy neben dir – stets bereit, dir von seiner Luft abzugeben, wenn sie dir ausgeht, dich zu befreien, wenn du dich unter einem Schiff verfangen hast, oder ungewünschte Besucher abzuwehren.

Wenn du mit dem Fallschirm abspringst, überprüft dein Schwimm-Buddy den Fallschirm vor dem Sprung; er stellt sicher, dass du die Reißleine auch auf der richtigen Höhe ziehst. Und es ist dein Schwimm-Buddy, der neben dir in feindlichem Territorium landet.

Wenn man im Kampfeinsatz Patrouille läuft, ist es dein Schwimm-Buddy, der neben dir läuft und dir den Rücken deckt. Es ist dein Schwimm-Buddy, der dir Deckung gibt, sodass du auf den Feind zu manövrieren kannst. Und manchmal ist es dein Schwimm-Buddy, der sein Leben für deines opfert.

Man lernt das frühzeitig während der SEAL-Ausbildung, nie irgendetwas, egal wann, ohne einen Schwimm-Buddy zu tun, jemanden, der einen aus schwierigen Situationen rettet. Der Schwimm-Buddy war mehr als nur ein Tauchpartner, er war Schutz, Gewissen, Freund und häufig die eigene Rettung.

Ich beendete die Videokonferenz und saß wie erstarrt vor Schock am Tisch. Die Ärzte aus Fort Bragg hatten gerade mein Hauptquartier in Bagram, Afghanistan, angerufen, um mich zu informieren, dass die Resultate meiner Knochenbiopsie hereingekommen waren.

Ich hatte Krebs.

Die drei Ärzte versicherten mir in der Videokonferenz, dass der Krebs behandelbar war, »die beste Sorte Krebs, wenn man schon welchen hat«, aber er würde vermutlich meine Karriere bei den SEALs beenden.

Nachdem ich mehrmals tief durchgeatmet hatte, verließ ich den kleinen Raum und kehrte in mein Büro am Ende des Flurs zurück. Auf mich wartete mein unerschütterlicher Command Sergeant Major, Chris Faris. Faris arbeitete zu diesem Zeitpunkt schon drei Jahre für mich. Er war meine rechte Hand. Das Problem am Krieg ist, dass er alle Entscheidungen verkompliziert. Als Leader müssen Sie manchmal kämpfen, um das Richtige für die Mission zu tun, das Richtige für die Truppen und das Richtige entsprechend Ihres eigenen moralischen Kompasses. Faris stellte stets sicher, dass meine drei Prioritäten auf einer Linie lagen.

»Admiral, mein Admiral! Wie geht es Ihnen heute, Sir?« Faris lächelte, als ich durch die Tür des Vorzimmers kam.

»Gut«, sagte ich und hatte Schwierigkeiten, mich auf irgendetwas zu konzentrieren.

»Geht es Ihnen gut?«, fragte Faris.

Ich blickte auf.

»Ja, alles okay.«

Faris warf einen Blick zu meinem Executive Officer, Lieutenant Colonel Art Sellers, der an einem Sperrholzschreibtisch in der Mitte des Raumes saß. Er wirkte besorgt. Sellers und Faris verstanden sich blendend. Sie schienen auf telepathischem Weg miteinander zu kommunizieren.

»Okay, Chef. Was ist los?«, fragte Faris.

Ich betrat mein Büro und Faris folgte mir.

»Ich hatte gerade eine Videokonferenz mit den Ärzten in Fort Bragg.«

»Und …«, sagte Faris zögerlich.

»Und … sie haben mir gesagt, dass ich Krebs habe.«

»Wie schlimm?«

»Sie sagen, man kann ihn in den Griff bekommen, aber ich muss sofort nach Fort Bragg und mit der Behandlung beginnen.«

Faris setzte sich. Ich wusste, dass er überlegte, wie er mit diesen Neuigkeiten umgehen sollte. Bemitleiden? Trost spenden? Hoffnung wecken?

»Hey, keine Sorge, Chef. Sie stehen das durch.«

Faris schaute auf die Uhr an der Wand. Es war fast Zeit für mein morgendliches Briefing über die Einsätze und Aufklärungsdaten. An diesem Briefing würde die gesamte, über die ganze Welt verstreute Kommandostruktur teilnehmen.

»Sie müssen sich auf das Briefing vorbereiten. Kommen Sie.«

Ich war für überhaupt nichts bereit. Aber Faris bestand darauf.

Er trat direkt vor meinen Schreibtisch, sah mir in die Augen und sagte: »Wir haben immer noch eine Mission zu erfüllen, und Leute verlassen sich auf Sie.«

Das war nicht das, was ich hören wollte. Ich wollte, dass der Sergeant Major Mitgefühl zeigte. Ich wollte, dass die Welt wusste, wie sehr ich litt; dass ich ihre Unterstützung brauchte. Ich wollte, dass ich jemandem leidtat.

»Sir«, sagte Faris streng. »Gehen wir.«

Zögerlich stand ich vom Stuhl auf und ging den langen Flur entlang auf das größere Kommandozentrum zu.

Als ich den Raum betrat, erhoben sich alle. Ich nahm an der Mitte des Tisches Platz. Ich musste kämpfen. Alle sahen mich an und erwarteten, dass ich zu Beginn einige Worte sprechen würde. Bevor ich etwas sagen konnte, bat Faris um den Bericht der letzten Nacht und wollte wissen, ob jemand verletzt oder getötet worden war.

Als der Bericht über mehrere Verletzte über das gesamte Netzwerk verteilt wurde, sah mich Faris mit diesem bestimmten Blick an. Ich hatte ihn schon Hunderte Male gesehen. Es war der Blick, der besagte: *Hören Sie zu, Admiral?*

Ich hörte zu.

Ich verstand.

Wie war meine kleine Diagnose vergleichbar mit den jungen Männern und Frauen, die erschossen oder von einem improvisierten Sprengsatz getroffen worden waren? Worüber hätte ich schon zu jammern?

Ich hatte das Sagen. *Tu deinen verdammten Job!*

Faris erkundigte sich nach den Verletzten und überließ dann mir das Mikrofon.

Er grinste kurz, als wisse er Bescheid. Er hatte genau das getan, was von meinem Standpunkt aus nötig gewesen war.

Jetzt war es an mir, mich zu bewähren.

In all den Jahren, die Chris Faris und ich miteinander verbracht hatten, waren wir zusammen in Dutzenden Kampfeinsätzen gewesen, hatten extrem schwierige Missionen erfolgreich durchgeführt, um Geiseln zu retten, hatten Razzien in Gebäudekomplexen geleitet und Raketenangriffe koordiniert. Nicht alle Missionen waren gut verlaufen und sie hatten häufig einen negativen Einfluss auf meine Moral gehabt. Manchmal war die Last, das Kommando zu führen, überwältigend gewesen, und wäre da nicht Faris' nie wankende Unterstützung gewesen, seine Fähigkeit, meine Gedanken zu lesen, zu wissen, wann Worte angebracht waren, wann Trost, Schelte,

Witze, Ermahnung oder Gefolgschaft – ich hätte meine Aufgabe als Kommandant nie so gut erfüllen können.

Nach meiner Diagnose sorgte Chris Faris dafür, dass ich mich auf das konzentrierte, was wichtig war. Er schenkte mir Mitleid, wenn es angebracht war, aber er ließ nie zu, dass ich in Selbstmitleid versank. Es war eine liebevolle Strenge. Die Art von Zuwendung, die man braucht, wenn man glaubt, der Einzige auf der Welt mit Problemen zu sein. Der Tritt in den Hintern, den ein guter Schwimm-Buddy einem nie verweigert, denn dafür ist er oder sie da. Im weiteren Verlauf des Jahres war mein Krebs unter Kontrolle und meine Karriere ging weiter. Chris Faris war an meiner Seite und wir leiteten die Mission, um Bin Laden zu schnappen.

Ich habe schon viele Unternehmen gesehen, in denen der Präsident oder CEO glaubt, er müsse alleine stark genug sein, um den täglichen Druck des Führens auszuhalten. Sie glauben, wenn sie nur ein Anzeichen der Schwäche gegenüber irgendjemandem im Unternehmen zeigen, wird das ihre Stellung unterminieren. Auch wenn ich schon oft gesagt habe, ein Leader »kann keinen schlechten Tag haben«, bezieht sich das nur auf das Verhalten in der Öffentlichkeit. In der Öffentlichkeit, gegenüber den einfachen Soldaten, den Angestellten oder den Aktieneignern, darf ein Leader nie jammern, nie wirken, als wäre er am Boden zerstört oder niedergeschlagen. Wenn er es tut, wird sich diese trübe Stimmung wie ein Lauffeuer durch das Unternehmen verbreiten. Aber jeder Leader hat einmal einen schlechten Tag. Jeder Leader braucht jemanden, mit dem er reden kann. Jeder Leader muss jemanden finden, dem er vertrauen kann.

Schwimm-Buddys sind im Leben eine Notwendigkeit. Man kann sie Wingman nennen oder Co-Pilot, rechte Hand oder Beifahrer, Dick und Doof, Thelma und Louise, Barney und Fred, Bruder, Schwester, Ehemann, Ehefrau, Partner – nennen Sie sie, wie immer Sie wollen, aber ohne einen guten Schwimm-Buddy werden Sie zwangsläufig schlechte Entscheidungen treffen, Sie werden sich den Schwierigkeiten des Lebens allein stellen müssen, Sie werden manchmal in Selbstmitleid versinken und nichts, was Sie tun, wird denselben Pegel an Erfüllung bieten.

Jeder Froschmann weiß, dass er in turbulenten Gewässern immer einen guten Schwimm-Buddy braucht.

Es ist einfach:

1. Finden Sie eine Person, der Sie bedingungslos vertrauen können. Machen Sie sich darauf gefasst, sich in den stressigen Momenten auf diese Person stützen zu können.
2. Akzeptieren Sie Unterstützung und Kritik mit der gleichen Gelassenheit.
3. Seien Sie für andere der Schwimm-Buddy. Irgendjemand da draußen braucht Sie!

SCHLUSSGEDANKEN

In seinem Bestsellerroman *Gates of Fire* erzählt Steven Pressfield die Geschichte der Schlacht um die Thermopylen im Jahr 480 vor Christus. Die persische Armee, die 150.000 Männer stark war und von Xerxes dem Großen befehligt wurde, marschierte Richtung Griechenland – und das Einzige, was zwischen Xerxes und der Zerstörung der westlichen Welt stand, waren 300 Spartaner unter der Führung von König Leonidas.

Die Spartaner sicherten den engen Pass bei den Thermopylen und hielten unter Führung von Leonidas drei Tage lang die Stellung gegen die Perser, bevor sie alle bis auf einen Mann abgeschlachtet wurden. Aber der Blutzoll der persischen Armee war so groß, dass Xerxes sich letztlich zurückzog und nie wiederkehrte.

Als die Perser vor dem Abzug standen, ließ Xerxes den überlebenden Spartaner vor sich bringen. Der Spartaner war verwundet, vom Kampf erschöpft, stand jedoch unbeugsam vor Xerxes. Xerxes wollte wissen, wieso die 300 Spartaner so verbissen gekämpft hatten. Wieso hatten sie alles für diesen König Leonidas geopfert? Was hatte den König zu einem solch großen Anführer gemacht?

Und der Spartaner antwortete.

»Ein König bleibt nicht in seinem Zelt, während seine Männer bluten und auf dem Schlachtfeld sterben. Ein König speist nicht, während seine Männer hungrig sind, und er schläft nicht, wenn sie Wache stehen auf dem Wall. Ein König befiehlt die Loyalität seiner Männer nicht durch Angst oder kauft sie mit Gold; er verdient ihre Liebe durch den Schweiß auf seinem eigenen Rücken und den Schmerz, den er um ihretwillen aushält. Die schwersten Lasten hebt ein König zuerst und lässt sie als Letzter zu Boden. Ein König verlangt nicht den Dienst derjenigen, die er führt, sondern ist ihnen zu Diensten …«

Auch wenn *Gates of Fire* ein fiktiver Bericht über die Schlacht ist, gibt es keine bessere Beschreibung dessen, was Leadership ausmacht, als die letzten Worte dieses Spartaners. Aber nur wenige von uns sind wie König Leonidas, und die meisten der Herausforderungen, denen wir als Leader gegenüberstehen, werden nicht das Ausmaß haben, die gesamte westliche Welt zu retten. Aber ob Sie eine Invasionsarmee aufhalten oder einfach nur ein kleines Team in einem Coffeeshop leiten, die Leadership-Prinzipien gelten dennoch.

Zuerst einmal müssen Sie danach streben, ein Leader mit Integrität zu sein. Seien Sie ehrlich, seien Sie fair; lügen, betrügen und stehlen Sie nicht. Suchen Sie einen Moralkodex, der Sie anspricht: den Ehrenkodex aus West Point, die Regeln der Pfadfinderinnen, den hippokratischen Eid oder Texte aus der christlichen Bibel, dem Koran oder der hebräischen Bibel. Sie sollten ethisches Verhalten großschreiben und wissen, dass Sie einen Weg zurück zu einem ehrenvollen Leben finden können, selbst wenn Sie einmal straucheln sollten. Sie sollten außerdem verstehen, dass Sie eine starke Kultur für Ihre Unternehmen schaffen, indem Sie ein Leader mit Integrität sind, denn die Kultur jeder Organisation nimmt ihren Anfang an der Spitze. Wenn Sie nicht den Standards ehrenvollen Verhaltens entsprechen, wie können Sie das dann von anderen erwarten?

Auch wenn das Fundament von Leadership darin besteht, ein Mensch mit Charakter zu sein, ist das allein nicht ausreichend für den Erfolg. Sie müssen auch kompetent sein. Wenn Sie sowohl einen anständigen Charakter besitzen, als auch kompetent sind, werden Sie das Vertrauen Ihrer Vorgesetzten erringen, das Ihrer Kollegen und Ihrer Untergebenen. Aufgrund von Vertrauen werden andere Ihnen folgen. Ohne Vertrauen werden Sie feststellen, dass Sie den Hügel allein erstürmen oder den Gebirgspass allein bewachen müssen.

Als Leader müssen sie eine gewisse Großspurigkeit besitzen, das Selbstvertrauen, dass Sie die richtige Person für den Job sind. Ihre Selbstsicherheit wird Vertrauen in anderen stärken; das Vertrauen, dass sie die Herausforderungen meistern können; das Vertrauen, dass Sie die Gelegenheit beim Schopf ergreifen und egal, wie groß die Hindernisse sind, andere zum Erfolg führen werden. Aber verwechseln Sie nicht Übermut mit Selbstvertrauen. Sie müssen bescheiden genug sein, um den Wert jedes einzelnen Mitglieds des Teams zu sehen, und bescheiden genug, um sich Rat einzuholen, wenn es nötig ist. Das eine schließt das andere nicht aus – man kann sowohl Selbstvertrauen als auch Bescheidenheit besitzen.

Ein Leader zu sein, ist manchmal anstrengend. Stellen Sie sich die Ärzte und das Pflegepersonal während Covid vor oder diejenigen, die bei 9/11 als Erste beim World Trade Center waren oder den jungen Army-Captain in Ramadi oder Mitglieder der Female Engagement Teams[2]. Die Arbeitszeiten sind lang, die Risiken hoch, der Druck manchmal kaum auszuhalten. Es wirkt so, als laste der Druck, alles organisieren zu müssen, auf den eigenen Schultern. Deswegen braucht man so viel Durchhaltevermögen, um ein Leader zu sein. Sie

2 A. d. Ü.: Weibliches Militärpersonal, das spezielle geschlechtsspezifische Aufgaben übernimmt in Afghanistan.

müssen physisch, emotional und spirituell stark sein. Ihre Angestellten werden durch diese Stärke ebenfalls aufgebaut, aber wenn Sie Müdigkeit und Erschöpfung zeigen und wenn Sie sich vor den Herausforderungen drücken, wird es Ihren Angestellten die Energie nehmen und das Unternehmen wird leiden.

Probleme gehören dazu, wenn man ein Leader ist: Eine schlecht ausgerüstete Armee, die gegen die Briten kämpft; eine Union von Staaten, die sich auflöst; die japanische kaiserliche Flotte, die den eigenen Grenzen zu nahekommt; explodierende Ölbohrplattformen; Probleme bei den Versorgungsketten; Eltern, die sich Sorgen wegen der Schule machen; ein Little-League-Team, das nie gewinnt. Wenn Sie nicht vorbereitet sind, die schwierigen Probleme anzugehen, dann sind Sie kein Leadership-Material. Und die einzige Art, schwierige Herausforderungen anzugehen, besteht darin, sich ihnen zu stellen. Keine Zweideutigkeiten, kein Ausweichen bei Problemen; kein Delegieren an jemanden, der im Rang unter Ihnen steht – übernehmen Sie die Initiative. Zeigen Sie Ihre Führungsstärke und springen Sie in die Bresche.

Tief im Inneren lieben wir alle die Spielernaturen: Den Trainer, der einen trickreichen Spielzug vorgibt; den Finanzier, der auf Pennystocks setzt; oder den General, der einen kühnen Überfall plant. Wir lieben es, wenn die Chancen gegen uns stehen und wir dennoch gewinnen. Wir wollen, dass unsere Leader Risiken eingehen, denn jeder weiß, »wer nichts wagt, der nichts gewinnt«. Aber denken Sie immer daran, es ist ein Unterschied, ob man Risiken eingeht oder zu übermütig ist. Als Leader dürfen Sie nicht sorglos sein, wenn es um das Wohlergehen Ihrer Angestellten, die Ressourcen Ihres Unternehmens oder dessen Zukunft geht. Gehen Sie Risiken ein, aber managen Sie diese Risiken durch ausreichende Planung, Vorbereitung und korrekte Umsetzung.

Erfolgreiche Leader besitzen persönliche Qualitäten, die sie von der Allgemeinheit unterscheiden. Sie sind ehrenwert und vertrauenswürdig, haben Selbstvertrauen, aber sind bescheiden, verfügen über Durchhaltevermögen und Initiative, und fürchten sich nicht, Risiken einzugehen. Diese Eigenschaften sind das Fundament guten Führens, aber gute Leader müssen auch handeln, um ihre Ziele zu erreichen.

Pater John Jenkins, der Präsident der Universität Notre Dame, sagte einst: »Es soll keiner von uns behaupten, dass unsere Träume zu klein waren.« Die großen Leader dieser Welt hegen nie zu kleine Träume. Sie haben eine mutige Vision – einen Mann auf den Mond zu bringen, die Pocken auszulöschen, Gleichheit für alle, die Welt mit erneuerbarer Energie zu versorgen, ein Highschool-Team, das um die Meisterschaft kämpft, oder ein neues Geschäftsmodell. Und über diese Vision hinaus müssen Leader ein solides Fundament haben, das aus detaillierter Planung und harter Arbeit (und nicht nur Wunschdenken) besteht.

Eine wichtige Begleiterscheinung dieser Planung ist das Wissen, dass kein Plan jemals perfekt umsetzbar ist. Zufälle und Unwägbarkeiten kommen immer ins Spiel. Ob Ihr Plan ein gewaltiger strategischer Wurf ist oder nur ein kleines taktisches Manöver; Sie sollten immer vorbereitet sein, den Plan an die Umstände anzupassen, auf die Sie treffen. Sie brauchen einen Plan B. Und oft auch einen Plan C, D und E.

Jede Vision, jede Unternehmensstrategie, jeder umfassende Plan muss Benchmarks enthalten, die vom Leader festgelegt werden, um das Unternehmen zu exzellenten Leistungen zu führen. Die Angestellten wollen die Herausforderung. Sie wollen Teil eines außergewöhnlichen Teams mit hohen Standards, hohen Erwartungen und hochgesteckten Zielen sein. Jeder will ein Gewinner sein.

Alle herausragenden Leader, unter denen ich diente, wussten, dass man die Härten mit den Männern und Frauen teilen muss, die sie anführen. Durch nichts anderes gewinnt man so schnell den Respekt der Truppen wie damit, Zeit in der Werkshalle, auf dem Handelsparkett, dem Lager, in der Klinik oder im Schützengraben zu verbringen.

Die Vorstandsetage, das Eckbüro, das größte Zimmer oder die größte Büronische können einen zum Glauben verleiten, man stünde über den Leuten, denen man zu Diensten sein sollte. Und das stimmt nicht. Wo immer Sie sich als Leader niederlassen, tun Sie es nicht zu lange. Verlassen Sie Ihr Büro und verbringen Sie Zeit mit den Angestellten. Das wird dafür sorgen, dass Sie die Arbeit der Angestellten schätzen lernen; verstehen, mit welchen Herausforderungen sie sich konfrontiert sehen; und Sie werden Einsichten gewinnen, wie man das Unternehmen besser aufstellen kann.

Ihre Aufgabe als Leader besteht darin, sicherzustellen, dass das Unternehmen so effizient und effektiv wie möglich arbeitet. Das bedeutet, anhaltend und angemessen die Aufsicht zu führen. Die Angestellten werden protestieren, aber wenn sie wissen, dass darin Ihre Priorität besteht und Sie selbst an den Inspektionen teilnehmen und Ihrerseits inspiziert werden, werden sie das als ein wichtiges und wertvolles Instrument für das Unternehmen ansehen.

Während all dieser Schritte wird eine klare Kommunikation dafür sorgen, dass das Unternehmen von der Basis bis an die Spitze an einem Strang zieht. Wenn Sie also eine Vision festlegen, eine Strategie entwerfen, einen Plan entwickeln oder die Fabrik inspizieren, sollten Sie immer sicherstellen, Ihre Ziele, Erwartungen und vor allem Ihre Wertschätzung klar zu kommunizieren. Die Angestellten mögen die Richtung, die Sie dem Unternehmen vorgeben, oder sie mögen sie nicht, aber sie werden stets dankbar sein, wenn sie wissen, was Sie denken und wohin Sie als Leader steuern.

Joe Dispenza

Joe Dispenza
Werde übernatürlich
Wie gewöhnliche Menschen
das Ungewöhnliche erreichen

gebunden, 512 Seiten
€ [D] 24,95 / € [A] 25,70
ISBN 978-3-86728-325-0

Übernatürlich werden? Was würde das bedeuten? Was wäre, wenn es uns möglich wäre, uns auf Frequenzen einzustimmen, die über unsere Welt der Materie hinausgehen … durch das Ändern unserer Gehirnchemie Zugang zu transzendenten Bewusstseinsebenen zu gewinnen … uns eine neue Zukunft zu kreieren … und sogar unsere Biologie zu verändern und tiefgreifende Heilung zu ermöglichen? Genau darum geht es in Joe Dispenzas neuem revolutionären Buch: Es steckt voller Informationen und Werkzeuge, mit deren Hilfe ganz gewöhnliche Menschen ungewöhnliche Seinszustände erreichen können.

Joe Dispenza
Schöpfer der Wirklichkeit
Der Mensch und sein Gehirn –
Wunderwerk der Evolution

gebunden, 528 Seiten
€ [D] 24,95 / € [A] 25,70
ISBN 978-3-86728-136-2

Joe Dispenza befasst sich bereits jahrzehntelang mit dem menschlichen Geist: Er untersuchte, wie er funktioniert, wie er Informationen speichert und weshalb er immer wieder dieselben Verhaltensweisen produziert. In dem Kultfilm What the Bleep Do We Know!? gab er erste Erklärungen, wie unser Gehirn sich weiterentwickelt, indem wir neue Fähigkeiten erwerben, uns mitten im Chaos konzentrieren lernen und sogar Körper und Seele heilen.
In seinem Buch Schöpfer der Wirklichkeit erläutert er diese Erkenntnisse in aller Ausführlichkeit und hilft Ihnen, die Kontrolle über Ihren Geist zu gewinnen.

Joe Dispenza
Ein neues Ich
Wie Sie Ihre gewohnte Persönlichkeit in vier Wochen wandeln können

gebunden, 400 Seiten
€ [D] 24,95 / € [A] 25,70
ISBN 978-3-86728-196-6

Alle Menschen sind fähig, sich die Wirklichkeit, in der sie leben wollen, selbst zu erschaffen. In seinem Buch »Schöpfer der Wirklichkeit« hat Joe Dispenza ausführlich die wissenschaftlichen Grundlagen dafür dargestellt. Nun zeigt er wie wir diese Erkenntnisse aus Quantenphysik, Neurobiologie, Gehirnforschung und Genetik praktisch umsetzen können. Nach einer leicht lesbaren Einführung in ein tieferes Verständnis unseres Quantenselbst und einer Entmystifizierung der Meditation führt Dispenza Sie in vier Wochen durch einen Prozess der neuronalen Umstrukturierung, der es Ihnen ermöglicht, das Leben zu leben, dass Sie sich wünschen.

Joe Dispenza
Du bist das Placebo
Bewusstsein wird Materie

gebunden, 400 Seiten
€ [D] 24,95 / € [A] 25,70
ISBN 978-3-86728-263-5

Können wir uns allein mit der Kraft der Gedanken heilen, ganz ohne Medikamente und Operationen? Zahlreiche dokumentierte Fälle beweisen: Krebspatienten haben ihre Erkrankung zum Verschwinden gebracht; Menschen, die unter Herzfunktionsstörungen, Depressionen, Arthritis oder Parkinson litten, wurden gesund – indem sie auf ein Placebo vertrauten! Andererseits wurden Menschen krank und starben sogar, weil sie sich als Opfer eines Fluchs oder Voodoo-Zaubers fühlten oder an eine fatale medizinische Fehldiagnose glaubten.
Joe Dispenza widmet sich der Geschichte und Physiologie des Placebo-Effekts und stellt die entscheidende Frage: Ist es möglich, die Prinzipien des Placebos zu vermitteln und ohne Zuhilfenahme einer äußeren Substanz dieselben inneren Veränderungen zu bewirken?

Susanne Berk
Einfach räuchern

Anwendung, Wirkung und Rituale

112 Seiten, farbig
€ [D] 9,95 / € [A] 10,30
ISBN 978-3-86728-201-7

Nutzen Sie gezielt, intuitiv oder spielerisch die wundervolle Wirkung des Räucherns!
Ob Sie nun Ihre Wohnung ausräuchern und energetisch reinigen wollen; ob Sie das Gefühl haben, eines besonderen Schutzes zu bedürfen, etwas Seelenbalsam brauchen, konzentriert arbeiten wollen oder mit feinstofflichen Reichen in Verbindung treten möchten: Räuchern kann Sie bei all diesen Vorhaben unterstützen.
Die anerkannte Expertin Susanne Berk führt Sie in die Welt des Räucherns ein: 54 Räucherstoffe werden genau beschrieben, etliche Rituale vorgeschlagen und traditionelle Anwendungen aufgeklärt. Räuchern macht unser Leben reicher und lebenswerter.

Sybille Krähenbühl
Rituelle Hausreinigung

Räume voller Schönheit mit der Kraft der 4 Elemente

112 Seiten, farbig
€ [D] 9,95 / € [A] 10,30
ISBN 978-3-86728-231-4

Die rituelle Hausreinigung ist ein achtsamer Weg, um das Zuhause in einen Ort der Lebenskraft und Freude zu verwandeln. Verschiedene Methoden und Übungen inspirieren zu praktischer Anwendung. Sie ermöglichen die Wandlung alter Energien und stagnierender Lebenssituationen, schaffen aber auch Zeiten der Neuausrichtung und der Erneuerung.

Dieses Buch zeigt auf, wie durch die energetische Pflege der Räume Schönheit und Kraft manifestiert wird – im Menschen wie in seinen Lebensräumen.

Kurt Ludwig Nübling
Aromatherapie für Einsteiger

Die gebräuchlichsten ätherischen Öle auf einen Blick

112 Seiten, farbig
€ [D] 9,95 / € [A] 10,30
ISBN 978-3-86728-207-9

Angenehme Düfte steigern das Wohlgefühl und erhöhen die Lebensfreude. Der Autor, Mitgründer von PRIMAVERA LIFE, vermittelt ein solides Grundwissen über die ätherischen Öle, die Essenz der Pflanzen.

Die aus altem Wissen entstandene Aromatherapie kann stimulieren, entspannen, seelisch aufbauen und auch bei vielen körperlichen Befindlichkeitsstörungen ihre ganzheitliche, wohltuende Wirkung entfalten. Tauchen Sie ein in die Welt der Düfte und erfahren Sie, wie die wundervolle Kraft der Pflanzen Ihr Leben bereichern kann.

'aul Ferrini
/lit Herz und Seele ich!

.eitfaden zu unserem Wahren
'elbst

28 Seiten, farbig
€ [D] 7,99 / € [A] 8,30
;BN 978-3-86728-265-9

:chte Heilung und Glück sind
ür alle möglich. Es gibt keinen
ehler und keine Unzulänglich-
eit, die uns daran hindern,
ılücklich und erfüllt sein zu
önnen; wohl aber gibt es
alsche Vorstellungen, die
ıfrage gestellt werden, und
Vunden, die heilen müssen,
'amit wir unser Herz ganz für
ie Liebe und das Leben öffnen
önnen.
Mit Herz und Seele ich!«
ietet zahlreiche Übungen zur
elbsterfahrung, die dir helfen,
'erletzungen, die in deiner
Jrsprungsfamilie entstanden
ind, zu heilen und der
egenseitigen Abhängigkeit
nd selbstzerstörenden
'erhaltensmustern ein Ende zu
etzen.

Bärbel & Manfred Mohr
Ho'oponopono

Eine Herzenstechnik für Heilung und Vergebung

112 Seiten, farbig
€ [D] 9,95 / € [A] 10,30
ISBN 978-3-86728-241-3

Anderen auf der Herzensebene näherkommen, Mitgefühl und zugleich eine Fülle von Selbsterkenntnis gewinnen – die alte, wiederentdeckte hawaiianische Tradition des Ho'oponopono macht es möglich: Sie basiert auf der Annahme, dass alles eins ist und dass die Außenwelt einen Spiegel unseres Inneren darstellt. Ho'oponopono bietet kompromisslose und klare Aussagen sowie exzellente Chancen, die äußere Welt zu verändern, indem man die innere Welt heilt.

Hartmut Lohmann
Heile dich selbst

Was die Aura schützt und nährt

112 Seiten, farbig
€ [D] 7,99 / € [A] 8,30
ISBN 978-3-86728-212-3

Befreie dich von Blockaden und integriere die gegensätzlichen Energien und Emotionen, die das tägliche Leben in dir weckt! Stress, Leistungsdruck, Zukunftsängste, unterdrückte Wut und Trauer … Wir alle kämpfen mit vielem, was unsere Aura belastet und verharren oft in der Opferrolle. Statt uns schwächen und zermürben zu lassen, gilt es jedoch, die Energien nicht zu bewerten, sondern sie uns nährend und stärkend zunutze zu machen.

Hartmut Lohmann
Heile dich selbst in 7 Schritten
€ (D/A) 12,95
ISBN 978-3-86728-226-0

Andreas Beutel

Die Blume des Lebens in dir

112 Seiten, farbig
€ [D] 9,95 / € [A] 10,30
ISBN 978-3-86728-203-1

Folgen Sie einer spannenden Reise durch alle Ebenen der Schöpfung, vom Großen bis hin ins ganz Kleine, und entdecken Sie die einfache, klare Sprache der Heiligen Geometrie, auf der die Welt basiert. Der Kenner der Heiligen Geometrie und Seminarleiter Andreas Beutel vom Pythagoras Institut Dresden führt in diesem Buch in anschaulicher, bildhafter Sprache in die Grundstruktur des Universums ein. Seine praktische Erfahrung aus vielen Jahren Seminar- und Vortragstätigkeit zum Thema eröffnet völlig neue Perspektiven auf die Erde und den Menschen.

Andreas Beutel

Die Mer-Ka-Ba

Lichtkörper, Herzensraum und heilige Geometrie

112 Seiten, farbig
€ [D] 9,95 / € [A] 10,30
SBN 978-3-86728-202-4

Die Welt ist Illusion. Doch wie entsteht sie? Und was ist unser Platz darin? Kommen Sie mit auf eine Reise in die Tiefen des »Kaninchenbaus«, zur Heiligen Geometrie, und lernen Sie die Matrix hinter unserer Welt kennen. Erfahren Sie alle mythischen Traditionen über die Mer-Ka-Ba als Thronwagen, himmlisches Pferd und geheimnisvolles Dimensionsfahrzeug. Entdecken Sie schließlich das größte Geheimnis aller Religionen, das in unserer Mitte verborgen ist: das Herz.

Brunhild Hofmann

Stark oder schwach?

Selbst-Muskeltests als Entscheidungshilfe in allen Lebenslagen

112 Seiten, farbig
€ [D] 9,95 / € [A] 10,30
ISBN 978-3-86728-206-2

Welche Entscheidung ist die richtige?
Durch den Selbst-Muskeltest rufen wir unser tiefes Körperwissen ab und können es zur Grundlage unserer Entscheidungen machen – immer wenn wir es brauchen sowie in jeder Situation. Elf Selbst-Muskeltests geben den Lesern die Möglichkeit, verschiedene Techniken auszuprobieren und den Test für sich zu finden, dem sie jeweils vertrauen. Zusätzlich eine Methode der Stressauflösung, durch die Sie wirkungsvoll Blockaden im Gehirn transformieren.

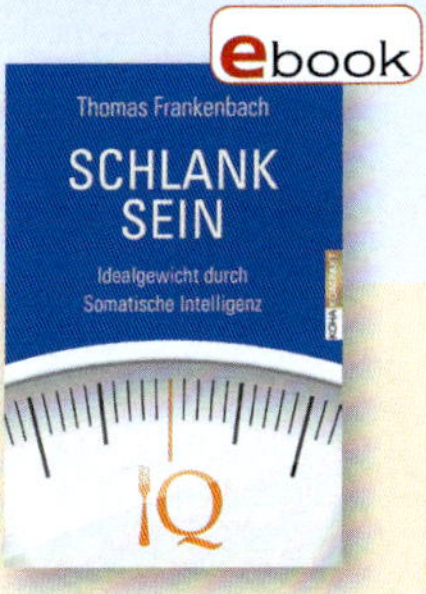

arl Gamper

ie Inneren Helfer

lit den Kräften des Kosmos zu
nem erfüllten Leben

12 Seiten, farbig
[D] 7,99 / € [A] 8,30
3N 978-3-86728-266-6

ie Inneren Helfer sind ansformierende Kräfte, die dem Menschen zur erfügung stehen. Aus der uantenphysik wissen wir, ass Zeit und Raum erst durch isere Beobachtung itstehen. Bislang glaubten ir, dass die Vergangenheit isere Gegenwart bestimmt id wir in einer linearen Zeit ben. Tatsächlich aber estimmt die Zukunft unsere egenwart.In diesem ahnbrechenden Buch erfährst ı, wie du dich von deinem ıkunftsSelbst steuern und ten lassen kannst. Lerne eine volutionäre neue Richtung nnen. Die Inneren Helfer enen dabei als Anziehungs- äfte, die dir Möglichkeiten spielen, um dein ıkunftsSelbst zu leben. Dein ichstes Potenzial erfüllt sich!

Nayoma de Haën

Das Mysterium der Raunächte

Die zwölf heiligen Nächte

112 Seiten, farbig
€ [D] 9,95 / € [A] 10,30
112 Seiten, farbig
ISBN 978-3-86728-204-8

Die Raunächte – von der Wintersonnenwende über Weihnachten und Silvester bis Dreikönig –, sagenumwoben, urtümlich, geheimnisvoll. Erst wenn sie vorüber sind, scheint der Übergang ins neue Jahr vollendet. Dies ist die Schwellenzeit, in der die Polaritäten ineinanderfließen: Altes und Neues, Dunkel und Licht, Feiern und Innehalten, materielle Welt und spirituelles Sein, Vergängliches und Ewiges. Alte Überlieferungen und neue Erkenntnisse weisen darauf hin, dass das, was wir in diesen Tagen tun, tatsächlich Wirkung auf das kommende Jahr haben könnte.
Dieses Buch begleitet Sie mit einer Mischung aus Besinnlichem, Informationen und Anregungen zu Meditationen und Ritualen durch diese wichtige Zeit der Einkehr, des Feierns und der Neuausrichtung.

Thomas Frankenbach

Schlank sein

Idealgewicht durch Somatische Intelligenz

112 Seiten, farbig
€ [D] 7,99 / € [A] 8,20
ISBN 978-3-86728-294-9

Entdecken Sie Ihre Körperintelligenz und werden Sie Ihr eigener Ernährungsberater! Denn das Wichtigste, um Ihr Idealgewicht zu erreichen und zu halten, sind nicht Diäten und Disziplin, sondern Ihr eigenes Körpergefühl während und nach dem Essen. Anhand vieler Fallbeispiele zeigt der Gesundheitswissenschaftler Thomas Frankenbach, wie man Körpersignale besser versteht und sie frei von Schuldgefühlen, Diätdogmen, Druck und Zwängen befriedigen kann. Lernen Sie, liebevoll und achtsam mit sich selbst umzugehen und nur noch das zu essen, was Sie wirklich brauchen.
Ihre Somatische Intelligenz ist der wirksamste Weg, um Ihre Figur und Ihre Gesundheit bestmöglich zu entwickeln.

Shi Xinggui

Shaolin Qi Gong

Energie in Bewegung

gebunden, 128 Seiten
mit Fotos zu den Übungen
und einer Übungs-DVD
€ [D] 16,95 / € [A] 17,50

ISBN 978-3-86728-023-5

Lernen Sie Qi Gong kennen! Die alten Übungen der Shaolin-Mönche steigern Vitalität und Kreativität. Sie verbessern die gesundheitliche Konstitution und können bis ins hohe Alter praktiziert werden. Dank der beiliegenden Übungs-DVD kann jeder die klar strukturierten Übungseinheiten spielerisch leicht und eigenständig erlernen.

Sayama / Shi Xinggui

Shaolin Qi Gong

€ [D/A] 19,50

ISBN 978-3-86728-024-2

Masaru Emoto

Wasser und die Kraft des Gebets

TB-XLarge, 160 Seiten
€ [D] 16,95 / € [A] 17,50

ISBN 978-3-86728-125-6

Nach Jahren intensiver Beschäftigung mit dem Element, das für unser Leben unverzichtbar ist, weiß Masaru Emoto mit Sicherheit: Gedanken und Worte verändern das Wasser und die Welt! Und: Gebete bewegen die Wasserkristalle dazu, sich zu feinsten »Mandalas« zu formen, die zum Meditieren anregen – ja, Gebete bergen das Potenzial, uns eine gute Zukunft zu schaffen! In diesem Buch zeigt er anhand wunderschöner Aufnahmen die Verwandlung des Wassers und beweist damit, welch eine heilsame Macht in den Schwingungen der Liebe, der Dankbarkeit und des Respekts verborgen liegt.

asaru Emoto
e Botschaft des Wassers

nsationelle Bilder von
frorenen Wasserkristallen

-XLarge, 144 Seiten
[D] 16,95 / € [A] 17,50
N 978-3-86728-123-2

asaru Emoto hat erstmals
Kristalle von gefrorenem
asser fotografiert. Unter
wierigsten Bedingungen
tstanden atemberaubende
fnahmen von Wasser aus
ganzen Welt – faszinie-
de Impressionen, die uns
Sinne und Herzen öffnen,
nn sie beweisen: Wasser ist
endig!

Gregg Braden
Im Einklang mit der göttlichen Matrix

Wie wir mit Allem verbunden sind

Taschenbuch, 256 Seiten
€ [D] 12,95 / € [A] 13,40
ISBN 978-3-86728-021-1

Gregg Braden verknüpft in seinem neuen Werk Spiritualität und Wissenschaft auf eine vollkommen neue Art. Sie brauchen aber kein physikalisches Fachwissen. Der Autor erklärt auf verständliche Art, wie Sie mit der Matrix im Einklang leben können, um Ihre Wünsche und Ziele zu verwirklichen.

Gregg Braden **DVD**
Im Einklang mit der göttlichen Matrix
Wie sie funktioniert und wie man lernt, sie anzuwenden
Vortrag

2 DVDs 4,5 Std.
€ [D/A] 24,95
ISBN 978-3-86728-067-9

Gregg Braden
Der Jesaja Effekt

Das verborgene Wissen von Prophezeihungen und Gebeten alter Kulturen neu entschlüsselt

Taschenbuch, 320 Seiten
€ [D] 12,95 / € [A] 13,40
ISBN 978-3-86728-107-2

Die Prophezeiungen des Jesaja, interpretiert im Licht der neuen Physik, sind nicht länger Vorhersagen von Ereignissen: Sie zeigen uns vielmehr, welche Konsequenzen die Entscheidungen haben werden, die wir jetzt treffen. Gebete könnten die vergessene Brücke sein, die das Innen mit dem Außen, das Oben mit dem Unten verbindet. Sie sind das machtvolle Werkzeug, das uns selbst und unseren Planeten heilen kann.

Tom Kenyon

ebook

Tom Kenyon & Judi Sion
Das Manuskript der Magdalena

Die Alchemie des Horus und die Sexualmagie der Isis

Paperback, 252 Seiten
€ 17,40 / € [A] 17,90
ISBN 978-3-929512-96-0

Ein Buch – Drei Teile – Ein Thema: Die Rückkehr der Kosmischen Mutter und die Würdigung und Wieder-Inthronisation des Weiblichen. Der erste Teil enthält die persönliche Geschichte von Maria Magdalena und ihrer Beziehung zu Jeshua ben Joseph. Diesem bemerkenswerten Text hat Tom Kenyon einen Überblick über die wichtigsten Traditionen der inneren Alchemie beigefügt, mit besonderer Berücksichtigung der hohen ägyptischen Alchemie und einer Erläuterung der Alchemie des Horus. Auf Magdalenas Bitte hin, hat Judi Sion ihre »Geschichte einer Frau« hinzugefügt, die die Geschichte jeder Frau ist.

ebook

Teal Swan
Den Schatten umarmen

Verletzungen der Seele heilen

gebunden, 240 Seiten
€ [D] 16,95 / € [A] 17,50
ISBN 978-3-86728-313-7

Teal Swan überlebte jahrelangen Missbrauch, bevor sie im Alter von 19 Jahren ihren persönlichen Heilungs- und Transformationsprozess in die Wege leitete.
In diesem Buch nimmt sie die Leser mit auf diese Reise der Heilung und Befreiung – eine Möglichkeit für alle traumatisierten Menschen, sich selbst wieder zur Ganzheit zu führen. Aufbauend auf ihren großen außersinnlichen Fähigkeiten sowie Aspekten der Arbeit mit dem inneren Kind und der Schattenarbeit, hat Teal Swan einen revolutionären 18-Schritte-Prozess zur Heilung jeglicher Verletzungen aus der Vergangenheit, aber auch aktueller Probleme entwickelt.

ebook

Joseph Goldstein
Achtsamkeit
Eine praktische Anleitung zum Erwachen

gebunden, 320 Seiten
€ [D] 17,95 / € [A] 18,50
ISBN 978-3-86728-326-7

Der Geist enthält die Samen seines eigenen Erwachens – Samen, die wir hegen und pflegen können, um die Früc eines bewusst gelebten Lebe hervorzubringen. »Achtsamk – eine Anleitung zum Erwachen« von Joseph Goldstein enthält die Weisheiten aus vier Jahrzehnten des Lehrens und Praktizierens. Jedem, der sich dem achtsamen Leben und dem Erwachen zu innere Freiheit verschrieben hat, kar dieses Buch als ein lebenslan ger Begleiter dienen.

Drunvalo Melchizedek

runvalo Melchizedek
ie Blume des Lebens

ie Blume des Lebens Bd. 1,
BN 978-3-86728-335-9

ie Blume des Lebens Bd. 2,
BN 978-3-86728-336-6
B jeweils 250 Seiten,
eweils € [D] 16,95 / € [A] 17,50

n diesen beiden Bänden findet sich Drunvalos esammeltes Wissen über die Geschichte nseres Universums. Ein Meisterwerk über die eilige Geometrie und die Entwicklung der Menschheit von Atlantis bis in unsere nächste ukunft.

Steven Farmer
Krafttier-Karten

44 Karten mit Begleitbuch 120 Seiten

€ [D] 19,95 / € [A] 20,50
ISBN 978-3-936862-97-3

Krafttiere sind Geistführer in Tierform. Naturvölker in aller Welt glauben, dass ihnen die Tiergeister durch ihre spirituellen Kräfte im täglichen Leben Schutz, Rat und Heilung bieten. Die Krafttier-Karten dienen dazu, klar mit den geistigen Führern aus der Tierwelt zu kommunizieren, um Fragen aus dem Leben zu beantworten und intuitive Hinweise über die weitere Reise zu erhalten. Jede dieser Karten trägt die Essenz eines bestimmten Krafttieres in sich. Das Begleitbuch beschreibt die Bedeutung der einzelnen Karten und enthält eine gechannelte Botschaft von jeder der 44 vertretenen Tierarten.

Reindjen Anselmi

Der Lichtkörper

TB, 336 Seiten
€ [D]12,95 / € [A] 13,40
ISBN 978-3-86728-235-2

»Der Lichtkörper« ist ein wegweisendes Buch für alle, die sich im Prozess der Umwandlung vom grobstofflichen Körper zum Lichtkörper befinden – und das sind wir früher oder später alle, die wir jetzt inkarniert sind. Für viele, die teilweise seit Jahren an unerklärlichen Symptomen (körperlich, geistig oder seelisch) leiden, kommt beim Lesen der große »Aha-Effekt«; so vieles lässt sich plötzlich in neuem Licht sehen.
Dank der zahlreichen praktischen Anleitungen kann der Prozess leicht und fließend werden. Die Meditationen, die Verbindung mit den Lichtstrahlen, mit den Gitternetzen, mit den Aufgestiegenen Meistern, mit der göttlichen Energie – all dies und vieles mehr sind Hilfsmittel, die eine Veränderung bewirken können und die uns helfen, den Lichtkörperprozess bewusst und freudvoll zu erfahren.

Doreen Virtue

Wie oben, so unten

Die Sieben Gesetze des Lebens

gebunden, 128 Seiten
€ [D] 12,95 / € [A] 13,40
ISBN 978-3-86728-009-9

Die Sieben Hermetischen Gesetze – bearbeitet für das 21. Jahrhundert Das Kybalion umfasst die Studien der hermetischen Philosophie des Alten Ägypten. Es gilt als geheimnisvolles und zugleich bedeutungsvolles Werk, das sich auf die Lehre des großen Weisen Hermes Trismegistos bezieht. Bisher wurde es nur einmalig 1908 schriftlich veröffentlicht, aber vielen ist die Sprache nicht mehr zugänglich. Um die sieben hermetischen Prinzipien bewahren zu können, hat Doreen Virtue dieses Wissen in eine Sprache übersetzt, die dem 21. Jahrhundert, aber auch der modernen Spiritualität entspricht.

Isabelle von Fallois

ebook

Isabelle von Fallois
Die heilende Kraft deiner Engel
Den eigenen Weg gehen und Lebensträume verwirklichen

gebunden, 352 Seiten
€ [D] 18,95 / € [A] 19,50
ISBN 978-3-86728-171-3

Studien haben gezeigt, dass es 21 bis 28 Tage dauert, alte Muster zu durchbrechen und neue, positive zu programmieren. So entstehen neue neuronale Bahnen in Ihrem Gehirn und neue, positive Glaubensmuster, die Ihnen helfen, Ihre Träume zu verwirklichen. Auf Ihrer persönlichen Reise durch den 28-tägigen Prozess lassen Sie mit Hilfe der Engel alte, toxische Gedanken und Verhaltensmuster hinter sich und verbinden sich immer mehr mit Ihrer wahren Essenz, sodass Ihr Kontakt zu den Engeln täglich wächst.

Isabelle von Fallois
Die heilende Kraft deiner Engel
3 CDs 28 gechannelte Meditationen
€ [D/A] 19,99
ISBN 978-3-86728-172-0

Isabelle von Fallois
Erzengel-Meditationen
€ [D/A] 12,95
ISBN 978-3-86728-082-2

Isabelle von Fallois
Die Erzengel
15 Begleiter auf dem Weg in ein erfülltes Leben

gebunden, 208 Seiten
€ [D] 16,95 / € [A] 17,50
ISBN 978-3-86728-081-5

Isabelle von Fallois hat göttliche Liebe am eigenen Leib erlebt. Mithilfe der Engel von einer lebensbedrohlichen Krankheit genesen, bringt sie uns das Wesen der himmlischen Helfer nahe: durch medial empfangene Botschaften, Meditationen, Affirmationen und praktische Anleitungen für ein Leben unter dem Schutz unserer liebevollen Begleiter.

Thomas Frankenbach

Thomas Frankenbach
Somatische Intelligenz
Hören, was der Körper braucht

gebunden, 208 Seiten
€ [D] 14,95 / € [A] 15,40
ISBN 978-3-86728-249-9

Entdecken Sie Ihre Somatische Intelligenz – die Weisheit Ihres Körpers! Jenseits von Ernährungsratgebern, zweifelhaften Diätplänen und Kalorientabellen ist unsere Somatische Intelligenz eine entscheidende Hilfe, wenn es um die Auswahl der richtigen Kost und einen für uns guten Lebensstil geht. Mit diesem Buch erfahren Sie, warum wir verlernt haben, beim Essen der Intelligenz des Körpers zu vertrauen. Es hilft Ihnen, Ihre Somatische Intelligenz als Ihren wichtigsten Ernährungsberater richtig einzusetzen. Denn jeder Mensch hat einzigartige Ernährungsbedürfnisse, weil jeder Mensch einzigartig ist.

Master Choa Kok Sui

Master Choa Kok Sui
Grundlagen des Pranaheilens

gebunden, 240 Seiten
€ [D] 22,50 / € [A] 23,20
ISBN 978-3-936862-02-7

Pranaheilen basiert auf der Übertragung der universellen Lebensenergie. Beim Heilen wird Prana auf den Patienten übertragen, wobei Heilung geschehen kann. Durch diesen Vorgang kommen die sogenannten »Wunderheilungen« zustande. Indem Sie sich die klare Systematik des Autors zunutze machen, lernen auch Sie, sich selbst und andere zu heilen.

Master Choa Kok Sui
Das Geheimnis der 11 Chakras

112 Seiten, farbig
€ [D] 9,95 / € [A] 10,30
ISBN 978-3-86728-239-0

Dieses Handbuch umfasst die Lehren von Master Choa Kok Sui über den Energiekörper und seine wesentlichen Chakras. Chakras sind wirbelnde Energiezentren, die einen sehr wichtigen Teil des Energiekörpers bilden. Wie viele Chakras gibt es? Gibt es sieben – oder mehr? Wie wichtig sind die Chakras für unser spirituelles, mentales, emotionales und physisches Wohlbefinden?
Aufgrund seiner lebenslangen Forschungsarbeit über Lebensenergie und Prana kann Master Choa Kok Sui diese Themen zu einfachen Konzepten mit praktischen Anwendungen zusammenfassen. In seinen Werken entmystifiziert er alte spirituelle Lehren und verwandelt sie in wissenschaftlich nachvollziehbare und für den modernen Menschen leicht zugängliche Methoden wie das Pranaheilen und Arhatic Yoga.

Serena Rust

Serena Rust
Wenn die Giraffe mit dem Wolf tanzt
Vier Schritte zu einer einfühlsamen Kommunikation

gebunden, 176 Seiten
€ [D] 12,00 / € [A] 12,40
ISBN 978-3-936862-77-5

Dieses leicht verständliche Buch vermittelt die grundlegenden Schritte zu einer erfolgreichen Kommunikation, bei der alle gewinnen können und die Bedürfnisse aller Beteiligten gleich wert sind, so dass Kommunikation wieder von Einfühlung und Verständnis, statt von Durchsetzen und Rechthaben getragen wird.

Serena Rust
Wenn die Giraffe mit dem Wolf tanzt (*geleitete Selbsteinfühlung*)
€ (D/A) 12,95
978-3-86728-026-6

Serena Rust
Giraffentango
Selbstbewusste Kommunikation in der Partnerschaft

gebunden, 176 Seiten
€ [D] 14,95 / € [A] 15,40
ISBN 978-3-86728-295-6

Wollen Sie das volle Potenzial Ihrer Partnerschaft verwirklichen? »Giraffentango« bietet Ihnen hochwirksame Anregungen, um die Hindernisse auf dem Weg zu Nähe und Vertrautheit in Ihrer Beziehung meisterhaft zu lösen. Gewaltfreie Kommunikation ist dabei der Königsweg, um gut zuzuhören und die eigenen Bedürfnisse klar zu äußern. Statt in alten Mustern schmerzhaft stecken zu bleiben, lernen Sie die nächsten Schritte zu einer reifen, erfüllten Paarbeziehung. Statt sich in Kampf und Streit aufzureiben, werden Gespräche zu einem schwungvollen Tanz und die Reibung zur Inspiration für ein lustvoll aufeinander bezogenes »Wir«.

Nobuo Shioya

Nobuo Shioya
Der Jungbrunnen des Dr. Shioya

Taschenbuch, 192 Seiten
€ [D] 9,95 / € [A] 10,30
ISBN 978-3-936862-91-1

100 Jahre lang leben, ohne senil oder krank zu sein – das ist unsere Bestimmung, sagt der japanische Arzt und Weisheitslehrer Dr. Nobuo Shioya, der selbst über 100 Jahre alt ist. Von Geburt an kränklich, fand er einen Weg zu einem langen, gesunden und selbstbestimmten Leben. Seine äußerst wirksame Methode ist so leicht anzuwenden, dass sie auch ältere Menschen praktizieren können.

Deepak Chopra

ebook

Doreal

Die Smaragdtafeln von Thoth dem Atlanter

gebunden 160 Seiten
€ [D] 16,95 / € [A] 17,50
ISBN 978-3-936862-164

Eines der ältesten und geheimsten der großen Werke der alten Weisheit. In den Smaragdtafeln hat der spirituelle Lehrer Thoth sein Wissen der Nachwelt erhalten. Lange waren die Tafeln in der großen Pyramide von Gizeh verborgen. Sie dienen uns heute als wertvolle Erinnerungshilfe für den Aufstiegsprozess. Doreal hilft uns mit seinen Interpretationen, die Tafeln zu verstehen. Mit einem Begleitwort von Reindjen Anselmi zur deutschen Ausgabe.

Deepak Chopra

Mit dem Herzen führen

Management und Spiritualität

TB, 208 Seiten
€ [D] 9,95 / € [A] 10,30
ISBN 978-3-86728-315-1

»Mit dem Herzen führen« enthält die Essenz dessen, was Deepak Chopra in seinen Führungskräfte-Seminaren lehrt, doch dieselben Prinzipien gelten auch für jeden anderen Lebensbereich, für Familien, Schulen und Nachbarschaften. »Auf der tiefsten Ebene ist die Führungsperson die symbolische Seele der Gruppe«, sagt Chopra. Nachdem Sie Ihr Seelenprofil und Ihre Kernwerte identifiziert haben, lernen Sie, sieben Fähigkeiten zu entwickeln, die Ihr Potenzial für innere Größe zur Entfaltung bringen. Die damit einhergehende Verbindung zur Seelenebene schenkt Ihnen uneingeschränkten Zugang zu den wichtigsten Führungsqualitäten: zu Kreativität, Intelligenz, Organisationskraft und Liebe.

Deepak Chopra

Jung bleiben, ein Leben lang

Vitalität und Klarheit bis ins hohe Alter

TB, 160 Seiten
€ [D] 9,95 / € [A] 10,30
ISBN 978-3-86728-154-6

Deepak Chopra bedient sich wichtiger Erkenntnisse der Philosophie, Biologie, Quantenwissenschaft sowie alter Weisheitsüberlieferungen, um zu verdeutlichen, dass die uns bekannten Merkmale des Altern weitgehend vermeidbar sind. Durch rechte Lebens führung un Ernährung können wir lernen, den Alterungsprozess sogar umzukehren und unser ganzes Leben lang vital, kreativ und energiegeladen zu bleiben. Schritt für Schritt lernen wir, für uns ein individuell zugeschnittenes Programm zusammenzustellen, zu dem Stressreduktion, Ernährungsumstellung und spor liche Betätigung gehören, um u ein Maximum an Lebensqualität und Gesundheit zu sichern.

Mark Nepo

Mark Nepo
Ankommen im Jetzt!

Inspirationen und Meditationen für jeden Tag im Jahr

Paperback, 528 Seiten,
€ [D] 12,99 / € [A] 13,40
ISBN 978-3-86728-170-6

»Ankommen im Jetzt!« ist ein weiser Freund, der Sie täglich an die Hand nimmt. Sie werden es lieben, sich diesen Jahresvorrat an inspirierenden Texten, wundervollen Geschichten und Anregungen für kleine spirituelle Alltagsübungen in angenehmen Tagesrationen zu Gemüte zu führen.
Zwei unterschiedliche Krebserkrankungen haben den Dichter und Philosophen Mark Nepo dazu gebracht, sein Herz immer weiter zu öffnen und es bewusst dem Leben zu erlauben, durch ihn zum Ausdruck zu kommen. In diesem Buch hat er all die »leisen Lehrer« versammelt, die ihn auf diesem Weg begleitet und unterstützt haben. Nepos Worte handeln von Liebe, Mitgefühl, Freundschaft und Schmerz – und von einer Lebensfreude, die sich auch von schwersten Situationen nicht unterkriegen lässt.

Tanja Kuntze

Tanja Kuntze
Entfaltung

Gesichtstraining für strahlendes Aussehen mit Soforteffekt

Broschur, 160 Seiten, farbig
Mit Übungs-DVD
€ [D] 16,95 / € [A] 17,50
ISBN 978-3-86728-296-3

Unser Körper und natürlich auch unser Gesicht verlieren mit dem Älterwerden ca. 40 Prozent der Muskelmasse. Mit gezieltem Training kann man dem entgegenwirken. Anhand von 30 Übungen, die leicht in den Alltag zu integrieren sind, erklärt die Schauspielerin Tanja Kuntze, wie Sie Ihre Gesichtsmuskeln trainieren können: Die Haut wird besser durchblutet und gestrafft, und die Kollagenproduktion wird angeregt. Werden Sie zum Experten für Ihr eigenes Gesicht, anstatt es der Schwerkraft, teurer Kosmetik oder gar einem Chirurgen zu überlassen! Attraktivität kennt kein Alter, und wer sich schön fühlt, fühlt sich wohl in seiner Haut!

Drunvalo Melchizedek
Schlange des Lichts

Das Erwecken der Erd-Kundalni und das Erwachen des weiblichen Lichts

TB, 328 Seiten
€ [D] 12,95 / € [A] 13,40
ISBN 978-3-86728-219-2

Alle 13.000 Jahre nimmt ein heiliges Ereignis seinen Lauf, das alles verändert. Wer »Die Schlange des Lichts« öffnet, betritt eine Welt, in der Wunder an der Tagesordnung sind – Wunder, die zutiefst berühren und erahnen lassen, dass die Wirklichkeit so viel größer ist als das, was wir mit bloßem Auge erkennen. Im Herzen von Mutter Erde findet ein großes Erwachen statt. Wenn sich die Menschheit unserem wunderschönen Planeten zuneigt, wird er sich aus der Dunkelheit heraus in das Zeitalter des Lichts bewegen.

Rob Williams
Psych-K

Die Macht der Überzeugungen und die Verbindung von Körper, Geist und Seele

gebunden, 160 Seiten
€ [D] 14,95 / € [A] 15,40
978-3-86728-083-9

Was wir denken, beeinflusst das, was wir erleben. Und wir versuchen, durch unser Denken Glück, Wohlstand, Erfolg, Liebe und inneren Frieden in unserem Leben zu erschaffen. Doch scheinbar ist das leichter gesagt als getan. Warum?
Die Antwort finden wir auf der Ebene unserer unterbewussten Überzeugungen, dem kraftvollen Speicher unserer tiefsten Glaubens- und Verhaltensmuster..
In diesem Buch erfahren Sie, dass es ganz einfach sein kann, diese häufig selbst sabotierenden Überzeugungen zu verändern – um so zu Glück und innerem Frieden zu gelangen.

Eric Pearl
The Reconnection

Heile andere, heile dich selbst

TB, 344 Seiten
€ [D] 12,95 / € [A] 13,40
ISBN 978-3-86728-327-4

Glauben Sie an Menschen mit besonderer Begabung zur Heilung? Eric Pearl ist so ein Mensch. In diesem Buch erzählt er in offener und humorvoller Art und Weise seine ganz persönliche Geschichte. Seine Begabung ermöglicht es ihm, die Heilung anderer Menschen durch die Energieströme seiner Hände zu fördern. Dieses Wissen gibt er jetzt weiter und vermittelt seine Methoden so, dass auch Sie diese anwenden können.

Bruce Lipton

Bruce Lipton
Der Honeymoon-Effekt

Liebe geht durch die Zellen

gebunden, 192 Seiten
€ [D] 16,95 / € [A] 17,50
ISBN 978-3-86728-211-6

Bruce Lipton erklärt auf seine wundervoll einprägsame, leicht verständliche und amüsante Art mit Hilfe der Zellbiologie, der Quantenphysik und der Neurologie, wie wir das herrliche Gefühl der Flitterwochen dauerhaft in unsere Beziehungen holen können. Jede Zelle strahlt Energie aus – also auch jeder Einzelne von uns –, und ihre Frequenz hat erheblichen Einfluss darauf, was in unserem Leben geschieht.

Bruce H. Lipton,
Steve Bhaerman
Spontane Evolution

Unsere positive Zukunft und wie wir sie erreichen

TB, 504 Seiten
€ [D] 16,95 / € [A] 15,40
ISBN 978-3-86728-243-7

Bruce H. Lipton, eine führende Kapazität der neuen Biologie, ist weltweit bekannt für seine geniale Art, Wissenschaft und Bewusstseinsentwicklung zu verbinden. Er beschreibt, wie wir durch eine Veränderung unserer Überzeugungen die spontane Evolution unserer Art beeinflussen und damit eine erfreulichere Zukunft gestalten können.

Bruce Lipton
Intelligente Zellen

Wie Erfahrungen unsere Gene steuern

gebunden, 320 Seiten
€ [D] 16,95 / € [A] 17,50
ISBN 978-3-86728-307-6

Erstaunliche wissenschaftliche Erkenntnisse über die biochemischen Funktionen unseres Körpers zeigen, dass unser Denken und Fühlen bis in jede einzelne unserer Zellen hineinwirkt. Der Zellbiologe Bruce Lipton beschreibt genau, wie dies auf molekularer Ebene vor sich geht. In leicht verständlicher Sprache und anhand eingängiger Beispiele führt er vor, wie die neue Wissenschaft der Epigenetik die Idee auf den Kopf stellt, dass unser physisches Dasein durch unsere DNS bestimmt würde. Vielmehr wird sowohl unser persönliches Leben als auch unser kollektives Dasein durch die Verbindung zwischen innen und außen, zwischen Geist und Materie gesteuert.

Lee Carroll

Kryon – Lee Carroll
Die Reise nach Hause

gebunden, 300 Seiten
€ [D] 19,50 / € [A] 20,10
ISBN 978-3-929512-71-7

Diese abenteurliche Reise handelt von Abenteuern und Prüfungen in einem erstaunlichen Land von Engelwesen, weisen Lehrern und finsteren Kreaturen. Die Geschichte ist ergreifend, humorvoll, faszinierend und spannend bis zum Schluss.

KRYON – humorvoll und spannend bis zum Schluss

Lee Carroll
Der Neue Mensch
Die Evolution der Menschheit
gebunden, 254 Seiten
€ [D] 18,95 / € [A] 19,50
ISBN 978-3-86728-324-3

Wie Die Menschheit hat die Schwelle überschritten. Sind wir nun auch bereit für die Evolution auf ein höheres Bewusstsein und die Entwicklung eines NEUEN MENSCHEN?
Wohin geht die Menschheit? Und entwickeln wir uns überhaupt weiter? Im Blickpunkt dieses neuen Buchs von Lee Carroll stehen die Kryon-Channellings der Jahre 2013–2016, in denen Kryon ungeahnte Aspekte des NEUEN MENSCHEN beschreibt und sich zur Zukunft unserer Spezies äußert.

ɪonika Muranyi
ie menschliche Akasha
esammelte Kryon-Botschaften:
e persönlichen Lebens-
ktionen entschlüsseln

ɪbunden, 304 Seiten
[D] 18,95 / € [A] 19,50
3N 978-3-86728-273-4

aben Sie sich schon einmal efragt, wo Ihre Persönlichkeit gentlich herkommt? Oder Ihre ngste und Phobien? Und wie erden eigentlich Wunderkinder ervorgebracht? Haben Sie viel- cht schon einmal gelebt? Den ntworten auf diese und andere agen widmet sich dieses Buch eine Zusammenstellung all essen, was Kryon jemals über e Akasha durchgegeben hat. onika Muranyi hat zudem ehr als dreißig weitere Fragen ı Kryon gestellt. Dank ihres gagements können wir besser rstehen, was die menschliche kasha ist, wo sie sitzt, was rin enthalten ist und wie wir ihr »schürfen« können.

Sandy C. Newbigging
Ruhe im Kopf
Schluss mit dem Dauerdenken

TB, 192 Seiten
€ [D] 9,95 / € [A] 10,30
ISBN 978-3-86728-301-4

Wir alle haben uns bestimmt schon einmal gewünscht, weniger zu denken und im Kopf nicht mehr so viel »Überstunden« zu machen, denn das ist stressig, führt zudem unter Umständen zu gesundheitlichen Problemen und beeinträchtigt unseren Seelenfrieden und unsere Produktivität. Doch wie gelingt es uns, im Kopf Ruhe einkehren zu lassen?
Dieses leicht lesbare Buch von Sandy C. Newbigging bietet erhellende Einsichten in die Wirkungsweise unseres Geistes und macht uns bewusst, wie sehr wir mit unserer Aufmerksamkeit in den ständig denkenden Kopf gehen, anstatt sie in der stillen Bewusstheit ruhen zu lassen, die unser wahres Selbst ist.

Glenda Green
Unendliche Liebe
Jesus spricht

Paperback, 352 Seiten
€ [D] 14,95 / € [A] 15,40
ISBN 978-3-86728-0126-3

Einer Vision folgend, malt Glenda Green ein Porträt von Jesus Christus. Da erscheint er ihr, um Modell zu sitzen. Sie unterhalten sich über Gott und die Welt. Glenda stellt Fragen nach dem Ursprung des Universums, dem Sinn des Leidens, der Beschaffenheit des Ego und der Illusionen, aber vor allem über die Liebe. Und Jesus antwortet mit verblüffenden Einsichten über das Universum und unsere Existenz darin. Ein Buch, das Herz und Verstand berührt!

Pierre Franckh

Pierre Franckh
Glücksregeln für die Liebe

gebunden, 192 Seiten
€ [D] 14,95 / € [A] 13,40
ISBN 978-3-936862-50-8

Nicht nötig, länger einsam zu sein – mit den Tipps aus diesem Ratgeber findet wirklich jeder den ersehnten Seelenpartner! Pierre Franckhs Glücksregeln sind so einfach wie effektiv. Dabei werden eigene Wünsche erarbeitet, »Liebes-Irrtümer« ausgeräumt und das Selbstbewusstsein gestärkt. Ein feinfühliger Wegweiser zur Traumbeziehung.

Pierre Franckh
Das Gesetz der Resonanz

DVD, 60 min.
€ [D/A] 21,95
ISBN 978-3-86728-110-2

Wir leben in aufregenden Zeiten! Erstmals in der Geschichte zeigen neueste wissenschaftliche Erkenntnisse, dass alte Weisheitslehren recht hatten: Jeder Gedanke hat eine Wirkung. Das Herz hat die größte Ausstrahlung. Wir sind mit allem verbunden.
In dieser spannenden Dokumentation präsentiert Erfolgsautor Pierre Franckh international renommierte Experten und Wissenschaftler sowie ihre Erkenntnisse und stellt die Frage: Warum funktioniert Wünschen tatsächlich? Können wir nur mit Gedankenkraft unsere DNA verändern? Und: Haben wir wirklich Zugang zu allen Informationen des Universums? Faszinierende Fakten, ungewöhnliche Geschichten und viele Praxistipps zum richtigen Denken und Wünschen.

Pierre Franckh

Pierre Franckh
Wünsch es dir einfach – aber mit Leichtigkeit

gebunden, 208 Seiten
€ [D] 12,00 / € [A] 12,40
ISBN 978-3-86728-037-2

Bestseller-Autor Pierre Franckh ermutigt uns auf liebevolle Weise, überholte Denkmuster aufzulösen, damit sich unsere sehnlichsten Wünsche erfüllen können. Diesmal widmet er sich den Schwerpunkten: Geld, Gesundheit und Job. Natürlich dürfen auch die berührenden und heiteren Erfolgsgeschichten von begeisterten »Wünschern« nicht fehlen.
Achtung: Die »Wünsch es dir einfach« – Bücher könnten Ihr Leben verändern!

Pierre Franckh
Wünsch es dir einfach – aber richtig

gebunden, 240 Seiten,
€ [D] 12,00 / € [A] 12,40
ISBN 978-3-86728-031-0

Pierre Franckh beschreibt, wie auch die ganz großen Wünsche funktionieren, welche Fehler passieren können und wie man sie vermeiden kann. Darüber hinaus öffnet Franckh sein ganz privates Schatzkästchen und zeigt uns seine exakten Wunschformulierungen, mit denen er sich seine Partnerin, sein Haus sowie Geld und Erfolg im Beruf gewünscht hat.

Pierre Franckh
Wünsch dich schlank

gebunden, 256 Seiten
€ [D] 12,00 / € [A] 12,40
ISBN 978-3-86728-114-0

Abnehmen ist ganz einfach.
Wir müssen nur wissen, wie!
Können wir unseren Körper durch Gedankenkraft beeinflussen? Eindeutig ja. Dein Körper agiert nicht – er reagiert, und zwar auf die kleinsten Nervenimpulse. Bereits ein einziger Gedanke bewirkt hier »wahre Wunder«.

Von Jefferson ist das Zitat überliefert: »Je härter ich arbeite, desto mehr Glück scheine ich zu haben.« Ich würde behaupten, dass nichts anderes in Ihrem Werkzeugkasten als Leader so wichtig ist wie harte Arbeit. Harte Arbeit schafft Gelegenheiten. Harte Arbeit wird Sie bei der Arbeiterschaft beliebt machen. Harte Arbeit vermehrt Ihr Wissen, Ihr Verständnis, Ihre Empathie und die Einsichten, die Sie gewinnen. Harte Arbeit wird mangelndes Talent ausgleichen. Und wenn Sie als Leader einmal straucheln, wird nichts den Fehler so schnell beheben wie harte Arbeit.

Per definitionem ist jeder Leader für etwas verantwortlich. Wenn Sie für einen Coffeeshop, einen Fast-Food-Imbiss, ein Einzelhandelsgeschäft, eine Grundschule, eine weiterführende Schule, eine Universität, einen Firmenhauptsitz, ein Krankenhaus, eine Wall-Street-Bank oder eine Regierungsbehörde verantwortlich sind, sind Sie auch rechenschaftspflichtig – gegenüber den Angestellten, den Kunden, Ihren Arbeitgebern und den Regulierungsbehörden. Sie tragen die Verantwortung. Herausragende Leader akzeptieren diese Verantwortung und die Tatsache, dass Sie anderen gegenüber in der Pflicht stehen. Stellen Sie stets sicher, dass Ihre Handlungen und Entscheidungen moralisch, legal und ethisch sind.

Und zu guter Letzt ist kein Leader immun gegenüber dem Druck im Job. Um erfolgreich zu sein, brauchen wir alle einen starken Partner, der uns aufrichtet, wenn wir fallen; uns den Staub abklopft und uns ermutigt, weiterzumachen; ein Partner, der uns reinen Wein einschenkt, liebevolle Strenge walten lässt; kritisiert, ohne zu verurteilen und uns durch schwierige Zeiten führt. Hinter jedem großartigen Leader steht ein großartiger Partner.

In seinem Buch, *It Worked For Me* (dt.: *Leadership: Lehren, die mich durchs Leben führten*), erzählt Colin Powell eine Geschichte über einen alten General, der im Offiziersklub sitzt und von einem frischgebackenen Second Lieutenant der Army angesprochen wird. Der General ist bei seinem dritten Martini, als der junge Lieutenant den Mut aufbringt, den hochrangigen Offizier anzusprechen. Der General ist sehr höflich und nach etwas Small Talk traut sich der Lieutenant endlich, die Frage zu stellen, die ihm unter den Nägeln brennt.

»Wie wird man General?«, fragt der Lieutenant.

»Nun, mein Sohn«, antwortet der General, »Sie müssen Folgendes tun: Sie arbeiten wie ein Tier, lernen stets dazu, bilden Ihre Truppen mit harter Hand aus und sorgen für sie. Sie sind loyal gegenüber Ihrem Kommandanten und Ihren Soldaten. Sie geben bei jeder Mission Ihr Bestes und Sie lieben die Army. Sie sind bereit, für Ihre Mission und Ihre Truppen zu sterben. Das ist alles, was Sie tun müssen.«

Der Lieutenant erwidert: »Wow, und so wird man zum General?«

»Nein«, entgegnete der General. »So wird man First Lieutenant. Wiederholen Sie das einfach und zeigen Sie, was Sie draufhaben.«

Leadership ist schwierig und nach 40 Jahren in Führungspositionen lerne ich immer noch, wie man ein besserer Leader wird. Ich lerne von meinen Studenten in den Kursen, von meinen Kollegen bei der Arbeit, von den anderen Mitgliedern des Vorstands, von meiner Familie und meinen Freunden. Aber wie der Ratschlag des alten Generals besagt, müssen Sie bei Leadership vor allem jeden Tag Ihr Bestes geben und zeigen, was Sie draufhaben. Und denken Sie immer daran, auch wenn Leadership schwierig ist, ist es nicht kompliziert. Ich hoffe, Sie haben von diesem alten Bullfrog einige wertvolle Weisheiten gelernt, die Sie auf Ihrem Weg nutzen können, um ein besserer Leader zu werden.

ES IST EINFACH

Tod statt Ehrlosigkeit
(Besitze Integrität)

Vertrauen kann man nicht erzwingen
(Sei vertrauenswürdig)

Wenn du das Kommando hast, kommandiere
(Habe Selbstvertrauen)

Wir haben alle unseren Froschparadewagen
(Verfüge über etwas Bescheidenheit)

Der einzige leichte Tag war gestern
(Zeige dein Durchhaltevermögen)

In die Bresche springen
(Gehe Probleme offensiv an)

Sua Sponte
(Ermutige deine Angestellten, die Initiative zu ergreifen)

Wer wagt, der gewinnt
(Sei bereit, Risiken einzugehen)

Hoffnung ist keine Strategie
(Plane so detailliert, wie es für den Erfolg notwendig ist)

Kein Plan überlebt den ersten Feindkontakt
(Du brauchst einen Plan B)

Es macht sich bezahlt, ein Gewinner zu sein
(Setze Standards für Verhalten und Leistung)

Ein Hirte sollte wie seine Schafe riechen
(Verbringe Zeit damit, dir »die Hände schmutzig zu machen«)

Antreten zur Truppeninspektion
(Höre auf deine Angestellten)

Was du überprüfst, kannst du auch erwarten
(Die Qualität deiner Arbeit wird davon abhängen, wie sehr du sie kontrollierst)

Kommunizieren, kommunizieren, kommunizieren
(Teile anderen mit, was du tust)

Im Zweifel lieber zu viel als zu wenig
(Arbeite hart, um deine Schwächen auszugleichen)

Kannst du vor dem langen, grünen Tisch stehen?
(Übernimm Verantwortung für das, was du tust)

Geh nie allein schwimmen
(Du solltest immer einen Partner auf deinem Weg als Leader haben)

Um eine druckbare (englische) Version der Weisheiten zu erhalten, scannen Sie folgenden QR-Code:

DANKSAGUNG

Ich möchte gern meinem Freund Bob Barnett danken, der stets meine Interessen im Auge behält, sowie meinem Herausgeber Sean Desmond und dem großartigen Team bei Hachette Books für ihre unerschütterliche Unterstützung.

ÜBER DEN AUTOR

Admiral (a.D. der Navy) William H. McRaven ist der Autor der *New-York-Times*-Bestseller *Mach dein Bett*, *Sea Stories* und *Der Hero Code*. In seinen 37 Jahren als Navy SEAL hat er auf jeder Ebene das Kommando geführt. Als Viersternegeneral war seine letzte Position die als Kommandant aller U.S. Special Operations Forces. Nach dem Ausscheiden aus der Navy arbeitete er von 2015 bis 2018 als Dekan der University of Texas System. Er lebt mit seiner Frau Georgeann in Austin, Texas.